杜仲良种繁育和高效栽培技术与宁夏引种栽培

何兴东　余　殿　陈　任　尤万学　编著

南开大学出版社
天　津

图书在版编目(CIP)数据

杜仲良种繁育和高效栽培技术与宁夏引种栽培 / 何兴东等编著 .— 天津 : 南开大学出版社 , 2019.1(2021.1 重印)

ISBN 978-7-310-05728-3

Ⅰ. ①杜… Ⅱ. ①何… Ⅲ. ①杜仲－良种繁育②杜仲－栽培技术③杜仲－引种栽培－宁夏 Ⅳ. ①S567.1

中国版本图书馆CIP数据核字(2018)第289283号

杜仲良种繁育和高效栽培技术与宁夏引种栽培
DUZHONG LIANGZHONG FANYU HE GAOXIAO
ZAIPEI JISHU YU NINGXIA YINZHONG ZAIPEI

南开大学出版社出版发行
出版人:陈　敬
地址:天津市南开区卫津路 94 号　　邮政编码:300071
营销部电话:(022)23508339　营销部传真:(022)23508542
http://www.nkup.com.cn

三河市天润建兴印务有限公司印刷　　全国各地新华书店经销
2019 年 1 月第 1 版　　2021 年 1 月第 3 次印刷
185×260 毫米　16 开本　6.5 印张　112 千字
定价:28.00 元

如遇图书印装质量问题,请与本社营销部联系调换,电话:(022)23508339

前　言

杜仲是极为重要的药用树木和橡胶资源树木，也是仅存于我国的第三纪孑遗植物，它是我国的特有植物，也是国家二级保护植物，现我国27个省市自治区均有引种栽植。

打开搜索引擎，会发现大量有关杜仲的研究文献，可以这样说，就单个树种而言，研究杜仲的最多。有关杜仲几十年的研究，体现了我国林业的发展状况，更体现了前辈与同仁的辛劳和成绩。经过几十年的研究，杜仲品种扩展迅速，不但有华仲18个无性系（其中10个无性系，即华仲1~10号，经过国家林木良种审定），还有秦仲1~4号，此外，还有观赏品种“红叶”杜仲、“密叶”杜仲和“小叶”杜仲，这为杜仲丰产高产奠定了基础。与此同时，各种育苗技术和丰产栽培技术也层出不穷。截至2016年，我国杜仲林的栽培面积达到35.8万公顷，杜仲相关产品出口额1 600万美元。

宁夏地处西北内陆，气候为典型大陆性气候，干旱少雨、蒸发强烈，日照充足、昼夜温差大；年降水量南部山区300~600毫米，中部干旱带200~300毫米，银川平原和卫宁平原200毫米左右；年蒸发量在1 214~2 800毫米之间；年平均气温7~9 ℃，≥ 10 ℃积温2 000~3 200 ℃左右，北部地区平均无霜期150~195天，南部地区127~155天；气候呈现出明显的南凉北暖、南湿北干分布特点。就杜仲引种栽培而言，宁夏南部山区相对比较适宜。

为配合宁夏哈巴湖国家级自然保护区管理局实施中央财政林业科技推广示范项目——“杜仲良种繁育和高效栽培技术示范推广”，我们编写了本书。书中第一章和第六章由郭健潭、何兴东、陈任执笔，第二章和第三章由李荣、何兴东执笔，第四章由慈华聪、何兴东执笔，第五章由张京磊、何兴东、陈任执笔，第七章由何兴东执笔，全书由何兴东、余殿、陈任、尤万学统稿。

由于作者水平有限，谬误在所难免，但为了宁夏引种栽培杜仲，还请各位同仁多多谅解！

2018年9月于南开大学

目　录

第一章　杜仲的生物学特性及其分布与栽培

杜仲（*Eucommia ulmoides* Oliver）为杜仲科（Eucommiaceae）、杜仲属植物，单属单种，别名思仙（《神农本草经》），木棉（《群芳谱》），思仲（《名医别录》），绵绵（《本草图经》），石思仙（《本草衍义补遗》），丝连皮、丝楝树皮（《中药志》），扯丝皮（《湖南中药志》），丝绵皮（《中药草手册》），玉丝皮、乱银丝、鬼仙木（《新本草纲目》），野桑树（湖南）等。杜仲是极为重要的药用树木、名贵滋补药材，也是仅存于我国的第三纪孑遗植物，是我国特有植物，同时也是国家二级保护植物，广布于我国 16 个省、260 多个县（市），包括引种栽培，现我国 27 个省市自治区均有分布或栽植。

第一节　杜仲的生物学特性

一、形态特征

杜仲为落叶乔木，树高可达 20 米，胸径约 50 厘米，树干端直，树冠卵形、密集。杜仲树皮幼年呈青灰色，成年后部分变为褐色，开始发生裂纹，有深纵裂、浅裂、龟裂等多种，内含橡胶，折断有银白色弹性白丝相连，嫩枝具淡褐色或黄褐色柔毛，不久脱落，枝条斜上，老枝有明显的皮孔；芽体卵圆形，外面发亮，红褐色，有鳞片 6~8 片，边缘有微毛。叶为单叶，互生，叶为卵形、椭圆形或矩圆形，长 6~15 厘米，宽 3~11.5 厘米，基部圆形或宽楔形，先端渐尖，边缘有细锯齿，上表面平滑，深绿色，初时有褐色柔毛，不久变秃净，下表面叶脉处有柔毛，老叶略有皱纹，下面淡绿色；侧脉 6~9 对，与网脉在上面下陷，在下面稍突起；叶柄长 1~2 厘米，上面有槽，被散生长毛。花生于当年生枝基部，单性，雌雄异株，花先叶开放或与叶同时开放。雄花簇生，无花被，花梗长 3 毫米，无毛，苞片倒卵状匙形，长 6~8 毫米，顶端圆形，边缘有睫毛，早落，雄蕊 6~10 个，长约 1 厘米，无毛，花药条状，花丝极短，长约 1 毫米；雌花单生，有短梗，苞片倒卵形，花梗长 8 毫米，子房狭长、无毛，1 室，扁而长，2 个胚珠，顶端有 2 叉状柱头，向下反曲，无花柱，花期为 3~5 月。果实为翅果，长椭圆形，扁而薄，长3~3.5厘米，宽1~1.5厘米，顶端2裂，内含1粒种子，翅果中间稍凸，基部楔形，周围具薄翅。种子扁平，线形，长1.4~1.5厘米，宽约3毫米，为双子叶，有胚乳。染色体$2n=34$。果期9~11月。翅果成熟时，果皮由绿色渐变为淡黄色，黄褐色直至棕褐色，成熟后自行脱落。

二、生长发育特征

1. 雌雄性

杜仲是雌雄异株树种。但植株未达到性成熟前，不易从形态特征上辨别。一般由种子繁殖的实生人工林，雌株比例占60%以上，雄株占40%以下。

杜仲雄株不结实，雌株结实，雌株只有经过雄株授粉以后才能产生具有繁殖能力的种子，雄株对雌株的传粉受精起着不可或缺的作用。杜仲是风媒花，一般雄株占林分中15%左右比例，即可保证雌株的授粉。目前为止，在杜仲植株未达到性成熟以前，还不能从种子、苗木和幼树的外部形态特征上来判断其雌雄性别。曾有研究报道，根据进入开花结实阶段的杜仲成年树营养器官特征来鉴别其雌雄。但报道中两种方法互有矛盾，而且植株营养器官很容易受周围环境条件的影响，因此通过其来反映性别是很不可靠的。所以，杜仲的雌雄性别只有在开花期才能鉴别，很难从外部形态上鉴定。

雌雄性是杜仲的基本生物学特征，对于实行以收采果实作为提胶原料的杜仲林，如雄株在该林园所占比例过大，分布不够均匀，则势必影响其产量。特别是杜仲的良种选育和繁殖等研究，如杜仲的母树林建立、优树选择、选种、种子园中无性系排列等，除了要考虑保留其优良性状，还要确定适宜的雌雄比例。

2. 根系发育特性

杜仲属深根性树种，有明显的垂直根（主根）和庞大的侧根、支根、须根系。主根下扎深度最高可达1.35米，根幅可达3米以上；在老粗根（主根和侧根）上密布着直径为1厘米到数厘米的小支根，支根的顶端生有大量的根毛。侧根主要分布于近土壤表层5~30厘米之间，支根分布广泛，趋水性和趋肥性极强，形成一个庞大的根系，以保证生长发育。在土壤板结、黏重（如第四纪黏土发育的黄壤）、石砾、石块含量较高且体积较大（如紫色粗骨土、砾质粉砂土等）或土层浅薄的地方，主根发育受到阻滞，但是侧根得以充分发育，形成无明显主根的浅根系来适应不良环境。侧根和支根趋水性和趋肥性很强，能绕过石砾或穿过大石块缝隙生长，吸收水分和营养物质，整个根系的下扎深度可达70~90厘米，有足够的着生力量支持地上部分生长，不致被风刮倒。杜仲根系对环境的适应能力极强，是山区保持水土的优良树种。

杜仲根系的形态结构随所在地区环境条件的不同，特别是土壤的不同而不同。生长在土质疏松的沙壤土或壤土中10年以上的杜仲树，根系下扎深度可达1.6米，庞大的须根系呈网状密集分布于50厘米以内的土层中。生长在土质黏重、石砾较多或土层较薄的土壤中的杜仲，主根不明显或分布较浅，根系深度在60~80厘米之间，随土壤厚度的不同而有所不同。在疏松的土壤中，杜仲侧根水平分布范围可达冠幅的2倍以上。

杜仲实生苗主根明显，侧根发达，颜色由浅黄至暗灰，但埋根苗和扦插苗主根不明显，侧根较发达。受土壤质地、土层深度和树龄的影响，杜仲根系的垂直分布范围变化较大。1年生实生苗根系发达，主根长度一般为20~30厘米，最长达50厘米以上，侧根多达100多条。2年生以上植株虽然须根数量明显减少，但5~8条侧根组成的庞大根系，依旧具有很强的保持水土能力。

3. 萌芽性

杜仲萌芽力强，根际或枝干一旦经受创伤，休眠芽立即萌动，长出萌芽条。一根伐桩，一般可萌发10~20根枝条，最多可达40根。这种萌生幼树生长迅速。根据贵州遵义调查，一株25年生杜仲树，冬季砍伐后，由伐桩萌发出的一株4年生萌生幼树，树高5.5米，胸径8.5厘米，超过同一立地条件下12年实生树生长速度。贵州遵义杜仲林场矮林作业试验，定植3年截干，当年萌条高生长一般都可达到2米，超过或接近未截干前四个生长期生长量总和。杜仲中心产区群众经验，老龄杜仲采伐后，根株萌发力弱，壮、幼年树萌芽力强；冬季采伐，翌春萌芽，当年秋季即可木质化；春、夏采伐，萌芽力弱，甚至不萌芽。此外，生长在光照充足的田坎边的杜仲树，侧根露出或靠近土表，或因受机械创伤，也可萌发出根蘖条，一株成年杜仲树，一般可由侧根另萌1~2株根蘖树，最多可达4~5株。

杜仲在受到刺激后侧芽的主芽和主芽周围的副芽同时萌发，快速长出新梢。杜仲无顶芽，第一芽横生或部分退化，第二、第三芽较强，若不施加任何修剪措施，1年生枝条萌芽率高达83%~100%，成枝率高达88%以上。杜仲愈伤面或截面都易于分化出芽原基，进而形成芽。因此，不管树木或林木，根际或枝条，一旦经历创伤，如采伐、平茬、机械损伤或冻害等，休眠芽就会立即萌动，长出萌芽条。如一个5年生的伐桩，一般可萌发10~20根萌条，最多可达40根。如果不人为干预，自然地最后只能留存1株或2、3株。这种萌生幼树的生长迅速。

不同树龄杜仲的萌芽力不同，树龄越小其萌芽力和成枝率越高，反之，萌芽力和成枝率越高越低，但是依然能保持较高的水平。冬季采伐以后，来年春天萌发，当年秋天即可木质化；春、夏采伐，亦能萌芽。

杜仲萌芽力极强的这一特性，是实行无性更新和矮林、头林等作业的有利条件。

4. 环状剥皮再生性

树皮是林木运输养分的基本通道，树皮损伤会严重影响林木生长，甚至导致其死亡。杜仲树皮再生能力与生长动态等相关研究结果表明，杜仲树皮具有极强的再生能力，小到1~2年生的小树，大到100年生以上的大树，大面积环状活剥树皮后，很快就能愈合，当年就可恢复皮层，1~4年树皮再生，在解剖构造、药用价值、含胶量等方面与原生皮几乎一样。主干以下均可环剥，环剥长度可达5.2米，环剥后剥面的愈合率高达100%，而且环剥后的部位生长迅速，横向生长甚至超过未环剥部分。环剥部位不但能快速愈合再生树皮，而且环剥几乎不影响其生长发育，杜仲皮每4年环剥1次，到全部砍伐时可利用4次，这极大地缩短了杜仲的生长利用周期，同时增加了效益，也为杜仲资源的持续利用和保护提供了良好条件。

5. 内生菌

植物内生菌是指在其生活史的一定或全部阶段寄生于健康的植物组织、器官或细胞内，而没有引起宿主明显病害症状的微生物。在长期协同进化过程中，内生菌与宿主之间渐渐形成一种双方都受益的关系。研究表明，植物内生菌具有促进植物生长发育、增强宿主细胞抗逆性等功能；在与宿主细胞协同进化过程中，一些内生菌不仅促进宿主活性物质的生成和积累，还能产生与宿主相似或相同的活性物质次生代谢产物。这些次生代谢产物具有生物学功能多样性和化学结构的多样性。根据功能的不同可分为抑菌类物质、杀虫类物质、植物生长调节剂、抗肿瘤活性物质及其他活性产物。利用这些内生菌进行工业发酵来生产某些新型和紧缺药物，为解决部分药用植物生长缓慢、资源短缺等因素带来的药物紧缺和生态保护问题提供了有效的途径。

杜仲内生菌作为构成植物体内环境的重要组成成分，对杜仲生长发育、次生代谢产物的积累及药材品质均有重要影响。杜仲内生菌以真菌为主，细菌次之，几乎无放线菌。杜仲内生真菌的存在具普遍性和多样性，目前从杜仲中分离出的内生真菌约20属，随产地环境条件如气候、土壤的不同而有所差异。相关研究表明，杜仲多种内生真菌发酵提取物中检测到与宿主具有相同药效的活性成分，如松脂醇二葡萄糖苷（PDG）、绿原酸、桃叶珊瑚苷、京尼平苷酸、槲皮素、黄酮等，而且杜仲内生真菌对多种病原菌均具有抑菌活性。李爱华等（2007）从杜仲皮中分离得到122株内生菌，经过反复纯化、确认，真菌75株，细菌47株。经鉴定能产生松脂醇二葡萄糖苷（PDG）的菌株均为真菌，分别隶属于砖红镰孢霉属（*Lateritium*）、茎点菌属

(*Phloma*)、腐霉属(*Pythium*)、卵形孢霉属(*Ospora*)、球黑粉霉属(*Tolyposporium*)，其中，高产菌株为砖红镰孢霉属和茎点菌属。杨明琰等(2012)从取自秦岭杜仲茎部分离得到内生真菌38株，分属9属，分别是毛霉属(*Mucor*)、根霉属(*Rhizopus*)、拟青霉属(*Paecilomyces*)、青霉属(*Penicillium*)、核盘菌属(*Sclerotinia*)、曲霉属(*Moniliales*)、交链孢属(*Alternaria*)、镰刀菌属(*Fusarium*)等，其中青霉属为优势菌群。对分离得到的杜仲内生真菌发酵液进行了抑菌实验，其中61%的菌株对测试细菌具有抗菌活性，34%的菌株对烟草赤星病菌、苹果炭疽病菌及辣椒炭疽病菌等多种植物病原菌具有较强的抑制活性。

三、生态学习性

杜仲对气候适应幅度较广，耐寒性较强。根据自然分布区气候资料，年均温度13~17 ℃，年降水量500~1 500毫米。但中心产区均属温和、温暖湿润气候类型，年均温度15 ℃左右，年降水量1000毫米左右，1月平均温度在零度以上，7月平均温度在29 ℃以下。从国内已引种成功地区的资料看，杜仲在新区能耐 -20 ℃低温；国外报道资料，甚至能耐 -40 ℃。但其耐寒性主要表现在根部，当秋天幼芽及生长点的保护组织尚未形成以前，或春天萌芽以后，易遭受早、晚霜害，因此，引种到寒冷的地区，多实行矮林作业。

杜仲对土壤、岩石和地形有广泛的适应性，但也有一定的选择性。根据杜仲中心产区的土壤、岩石和地形以及建国以来大面积营造杜仲林林分生长情况，杜仲在酸性土(红壤及黄壤)、中性土、微碱性土及钙质土均能生长，这些土壤成土母岩有玄武岩、石灰岩、沙岩、沙页岩及老冲积土等。立地的地貌类型有侵蚀、剥蚀山地地貌、岩溶(喀斯特)地貌，以及平地、丘陵等；地形部位有山脊、山坡、山麓、山冲以及阳坡、阴坡等。但是，这些多种多样的立地条件，杜仲生长发育效果是不同的。过薄、过瘠、过干、过酸的土壤，杜仲会发生生理上顶芽、主梢枯萎，叶片雕落、早落，或活而不长，生长停滞；特别是土壤酸度过强(pH在5以下)的煤泥土，造林初期虽能成活，但5年以后即逐渐死亡。最适宜杜仲生长的土壤是土层深厚、疏松、肥沃、湿润、排水良好，pH值在5~7.5之间。适宜的地形为山脚、山中下部和山冲，岩石裸露的石灰岩山，岩缝间残存的石灰土，杜仲生长良好，坡度倾斜不大的缓坡优于平地和陡坡，土层深厚的阳坡优于阴坡。

杜仲是喜光性植物，耐阴性较差，光照时间和光照强度对杜仲生长发育影响比较显著，造林密度不宜过大。根据对次生天然杜仲混交林的调查，林分内杜仲生长缓慢，枝叶稀疏，树冠畸形，结实稀少，处于被压状态，甚至成为濒死木；而林缘木的生长发育状况和结实量显著优于林内木；受光充分的空旷地上生长的散生木和孤立木，又优于林缘木。在人工林中，密度小的杜仲林分，无论树高、直径、材积生长，以及树皮、叶片和种子产量都显著优于密度大的林分。而通过透光伐后，直径生长立即回升。因此，杜仲不耐庇荫，造林密度不宜过大。

第二节　杜仲种质资源

一、重要资源树种杜仲

杜仲浑身是宝，自古以取皮入药而著称，具有补肝肾、强筋骨、安胎、久服轻身耐老等作用，为上品中药。杜仲在"三降"（降血压、降血脂、降血糖）、"四护"（护心血管、护肝、护肾、护视力）、"六抗"（抗肿瘤、抗梗塞、抗骨质疏松和衰老、抗病毒细菌、抗过敏、抗氧化）等方面功效显著，且无毒副作用。已公布的27个保健食品功能中，杜仲具有其一半以上的功能。其叶、花、果、皮等具有很高的药用和食用价值。杜仲叶富含绿原酸、京尼平苷酸等活性成分，其中绿原酸含量达3%~5%，与冬虫夏草、人参等珍贵中药材相比，在功能多样性、利用率、性价比、性味接受度等方面均具有显著优越性，是开发现代中药、保健品、功能食品饮品的优质原料。杜仲雄花氨基酸含量达21.8%，为松花粉的2倍以上；种子所含脂肪油的脂肪酸中α-亚麻酸含量达67.6%，为橄榄油、核桃油、茶油中α-亚麻酸含量的8~60倍，杜仲籽油是国家批准的第一个以杜仲为原料的新食品油料；据测定，其树皮含胶量为6%~10%，根皮含胶量约为10%~12%，树叶含杜仲胶量为2%~4%，果实含胶量高达27%。目前，其应用已从单一的药用拓展到了多个领域，集医疗、保健、橡胶、和水土保持、美化环境等多种用途于一身。杜仲除了具有园林绿化、碳汇等生态功能，还具有极高的实用和药用价值，同时能够生产和提供橡胶资源，目前已成为我国重要的战略资源树种。

我国杜仲栽培历史悠久，仅有文字记录的就有2000年以上。1949年前，主要是群众自发栽植；20世纪50年代初至80年代初，由医药和林业部门扶持群众成片栽植；1983年以后进入杜仲生产基地建设，国家和省区分别在主产区建立杜仲生产基地，种植面积迅速扩大。而且各地在积累一定经验后，在乔林作业的基础上，推出了丛状矮林经营、头林作业等经营方式，经营管理从过去放任生长到精细化管理，包括土壤管理、立体种植、整形修剪等。2013年《杜仲产业绿皮书》首次发布后，杜仲产业得到国家有关部委的重视，杜仲产业迈向科技支撑产业发展的良性轨道。

早在1953年，林业部就建立了贵州遵义、湖南慈利、湖北黄山、四川梁平4个杜仲基地。由于杜仲取皮入药，为上品中药，具有极高的经济价值，需求量暴涨，20世纪80年代后期各地商贩高价收购杜仲树皮，导致滥砍乱剥现象日益严重，杜仲资源一度遭受毁灭性的破坏。为了解决杜仲资源的供需矛盾，保护杜仲资源不受破坏，各省、市制订了有关规定，严格按质评价，统一收购，严禁私人收购，同时，鼓励农民栽植杜仲并给予了相应的政策和补贴。之后，杜仲种植面积迅速扩大，但是这些林子都是任意采种培育的实生苗，几乎没有良种基地。20世纪80年代后期，林业部又选定湖南慈利、陕西略阳、贵州遵义等20个县、市为杜仲商品生产基地，杜仲栽培面积不断增加，但杜仲资源供求矛盾依旧形势严峻。20世纪90年代后期，我国杜仲皮年产约1 500吨，而国内需求就达2 000吨，出口需求约1 000吨，供求相差一倍。由于杜仲野生植物资源的过度开发，1996年杜仲被列为我国的二级保护植物。为了更好地保护这一珍贵药用资源，国家将杜仲列为四大统购药材之一，除国家指定的药材、外贸部门外，不允许私人商业和个体户批发经营。

我国杜仲资源主要从1988年杜仲皮价格暴涨后得到迅速发展，至1994年、1995年达到发展高潮，全国杜仲面积从2万公顷迅速扩张到40万公顷。但由于造林培育方式粗放，其中有相当一部分是残次林、老头树，其他则是以皮用为主、高达15米以上的乔木林，且与其他林木混杂。这样的杜仲资源产业化利用价值不大。1996年以后，由于杜仲药材市场疲软，杜仲资源处于相对停滞状态。随着杜仲皮价格的迅速下滑，呈自然萎缩之势。据中国林科院统计，目前全国27个省区杜仲资源保存面积为35.8万公顷，占世界杜仲资源总量的99%以上，但要实现我国橡胶工业的战略转型，目前杜仲种质资源远远不够。据估计，约需要300万公顷的杜仲种植面积，缺口高达90%。加之，我国适合种植杜仲的地理区域非常广泛，因而，我国发展杜仲生态资源经济具有天然优势。

二、杜仲种质资源

从杜仲种质资源讲，经历了逐步发现、逐步丰富的历程。

20世纪80年代以前，根据杜仲树皮形态特征，将其划分为粗皮杜仲和光皮杜仲两个类型：

（1）粗皮杜仲（青冈皮）

树皮幼年呈青灰色，不裂开，皮孔显著；成年（10年）后，树皮变为褐色，皮孔消失，开始发生裂纹，并逐渐由下至上发生深裂，呈长条状，不脱落，外树皮（木栓层以外死组织干皮部分）及内树皮（木栓层以内活组织肉皮部分）分明，外皮粗糙，类似栎类树皮，故当地群众叫“青冈皮”。

（2）光皮杜仲（白杨皮）

幼年树皮特征同粗皮类型，成年后，树皮变为灰白色，皮孔部分消失，20年后，除树干基部以上1米以内渐次发生浅裂，并出现比较粗糙的外皮，其余主干、侧枝树皮均不发生裂纹，外树皮与内树皮不分明，树皮光滑，类似响叶杨树皮，故当地群众叫“白杨皮”。

根据贵州遵义杜仲林场调查，在相同立地条件和同一林分中，粗皮杜仲和光皮杜仲两者树高、直径生长及树皮、叶片产量基本一致，但可供药用和提胶的内皮重量和厚度，光皮杜仲显著优于粗皮杜仲类型。根据从主干由下至上0.3、1.0、1.3、2.0、2.5米处各取100平方厘米样皮测定，粗皮杜仲5块样皮总重量（湿重，下同）为168.8克，光皮杜仲总重量为156.1克，前者略重于后者，但粗皮杜仲内皮重只占总重量63.4%，仅107.02克，而光皮杜仲则占88.7%，为138.46克，后者比前者重22.3%；粗皮杜仲5块样皮平均总厚度为6.0毫米，光皮杜仲总厚度为4.4毫米，前者亦厚于后者，但粗皮杜仲内皮厚度只占总厚度的51.7%，仅3.1毫米，而光皮杜仲则占81.8%，为3.6毫米，后者比前者厚13.9%。因此，在20世纪60年代，周政贤教授以杜仲内皮厚度为指标，认为光皮类型较佳。

从20世纪80年代后，杜红岩等承担多项国家和部省级杜仲攻关课题，深入全国杜仲主产区10多个省（市），历经10余年对优良无性系的生长量、产皮、产叶量及主要成分的全面测定和统计分析，选育出华仲1号、华仲2号、华仲3号、华仲4号和华仲5号，是我国历史上首批杜仲优良无性系，填补了国际国内杜仲良种的空白。2012年，“华仲1~5号”5个杜仲良种通过国家林木良种审定。

（1）华仲1号（*E. ulaoides*“Huazhong No. 1”）

雄株，浅纵裂型。母树生长在河南省商丘县豫东平原沙区的两合土上，土壤pH值8.4。该系号树势强，树冠紧凑，呈宽圆锥形，分枝角度35°~47°；主干通直，接干能力强，芽2月中、下旬萌动，萌动早，萌芽力强，4年生伐桩可萌27~34个芽，叶片较密集，叶片长15.4厘米，宽10.7厘米，叶面光亮。该系号抗逆性强，无病虫害，耐干旱、盐碱，速生，4年生胸径7.2厘米，树高6.5米，单株产皮量860~1040克，产叶1270~1640克，该品种适宜干旱地区和微碱性土壤区发展。

（2）华仲2号（*E. ulaoides*“Huazhong No. 2”）

雌株，深纵裂型。母树生长在河南省洛阳市黄土丘陵区坡脚。该系号树冠开张，呈圆头形，分枝角度43°~64°，主干较通直，叶片宽卵形，叶长14.3厘米，宽10.2厘米，叶面光，呈黑绿色。该系号抗病虫害能力强，粗生长快，4年生胸径达7.7厘米，皮厚5毫米。采成熟母树接穗，嫁接苗栽植2年开花结果，4年单株产种量

0.8 千克，5 年平均株产 1.4 千克，最高株产 1.8 千克，无大小年及隔年结果现象。果长 3.3 厘米，宽 1.2 厘米，千粒重 80.1 克，果 10 月中旬成熟。该品种适宜各产区建立良种种子园。

（3）华仲 3 号（*E. ulaoides*“Huazhong No. 3”）

雌株，浅纵裂型。母树生长于江苏省南京市郊区丘陵区坡脚的粗砂石分化土上。该系号树冠开张，分枝角度 44°～82°，主干通直，接干能力强，叶片小，稀疏，狭卵圆形，叶长 11.4 厘米，宽 8.1 厘米。该系号耐水湿，无病虫害，速生，4 年生胸径达 7.2 厘米，树高 6.7 米，嫁接苗 3 年开花结果，5 年平均产种量 0.7 千克，最高株产 1.2 千克，果长 3.1 厘米，宽 1.1 厘米，千粒重 76.4 克，果成熟早，9 月下旬到 10 月上旬成熟。该品种适宜大冠稀植栽植及建立良种种子园。

（4）华仲 4 号（*E. ulaoides*“Huazhong No. 4”）

雌株，光皮型。母树生长于湖北省郧阳地区黄棕壤山地坡脚。该系号冠形优美、紧凑、呈宽卵形，分枝角度 39°～53°，主干通直，苗期靠顶端侧芽易萌发分叉，侧芽生长旺盛，树冠易成形，叶片稠密，叶片长 13.4 厘米，宽 9.8 厘米。该系号耐水湿，抗病虫害。皮色光滑，药材利用率高，与同类型比较速生，4 年生胸径 6.3 厘米，树高 6.5 米，皮厚 4 毫米。嫁接苗 3 年开花结果，5 年平均单株产种量 0.9 千克，最高株产 1.4 千克，果长 3.3 厘米，宽 1.2 厘米，千粒重 78.1 克。果 10 月中旬成熟，该品种适宜密植栽培。

（5）华仲 5 号（*E. ulaoides*“Huazhong No. 5”）

雄株，深纵裂型。母树生长在湖南省武陵山区海拔 270 米的山地坡脚。该系号接干能力极强，主干通直，树冠呈卵圆形，分枝角度 37°～49°，叶片较大，叶片长 14.8 厘米，宽 11.5 厘米。该系号无病虫害，耐水湿。主干不易弯曲，高生长快，4 年生胸径 6.4 厘米，树高 6.8 米，皮厚 4 毫米，单株产皮量 740~910 克，产叶 1 330~1 420 克。

1993 年，中国林业科学研究院经济林研究开发中心杜红岩研究员提出以杜仲果实的利用为育种方向，以提高产果量、产胶量和主要活性成分含量为育种目标，并系统开展了果用杜仲无性系的选育，选育出华仲 6 号、华仲 7 号、华仲 8 号、华仲 9 号等 4 个杜仲果用优良无性系，果皮含胶率可达 17% 以上，种子油脂中 α- 亚麻酸含量达 61.8%。此外，还有其他专家选育出华仲 10 号等其他品种。所选育出“华仲 6~10 号”和“大果 1 号”等 6 个果用杜仲良种，产果量提高了 163.8%~236.1%，对我国杜仲胶新材料和现代中药产业发展起到了积极的推动作用，“华仲 6~9 号”杜仲良种 2011 年通过国家林木良种审定。同时，选育出雄花专用良种“华仲 11 号”、具有特异观赏性的“华仲 12号”和“密叶杜仲”新品种。截止 2016 年，已选育出不同用途的杜仲良种16个，优良无性系30余个，已审定杜仲良种14个，其中国审杜仲良种10个。

（6）华仲6号（*E. ulaoides*“Huazhong No. 6”）

雌株，树皮浅纵裂型，成枝力强。芽3月上中旬萌动。叶片卵圆形，长12.35厘米，宽7.83厘米。花期3月30日至4月15日。果实椭圆形，果长3.14厘米，宽1.08厘米，果实千粒重71.5克。果实含胶率12.19 %，种仁粗脂肪含量24%~28 %，其中α-亚麻酸含量55%~58%。果实9月中旬至10月中旬成熟。结果早，含胶率高，高产稳产。嫁接苗或高接换种后2~3年开花，第5年进入盛果期，盛果期年产果量达3.5~5.9吨/公顷。适于建立良种果园。该品种适应性强，嫁接成活率高，抗干旱，在豫东平原沙区、豫西黄土丘陵区、豫南大别山区等生长良好。长江中下游和黄河中下游杜仲适生区也可推广。

（7）华仲7号（*E. ulaoides*“Huazhong No. 7”）

雌株，树皮浅纵裂型。成枝力中等。芽3月上、中旬萌动。叶片卵圆形，长12.7厘米，宽7.0厘米。花期3月30日至4月15日。果实长椭圆形，果长3.83厘米，宽1.05厘米，果实千粒重78.2克。果实含胶率10.68%，种仁粗脂肪含量29%~32%，其中α-亚麻酸含量达58%~61%。果实9月中旬至10月中旬成熟。结果早，高产稳产，种仁α-亚麻酸含量高。嫁接苗或高接换种后2~3年开花，第5~6年进入盛果期，盛果期年产果量达2.8~4.5吨/公顷。适于建立高产亚麻酸良种果园。该品种适应性强，抗干旱、耐水湿，在豫东、豫西、豫南山区、丘陵和沙区均生长良好。

（8）华仲8号（*E. ulaoides*“Huazhong No. 8”）

雌株，树皮浅纵裂型，成枝力中等。叶片卵圆形，长12.9厘米，宽6.4厘米。花期3月25日至4月13日。果实长椭圆形，果长2.99厘米，宽1.03厘米，果实千粒重75.2克。果实含胶率11.96%，种仁粗脂肪含量28%~30%，其中α-亚麻酸含量达59%~62%。果实9月中旬至10月中旬成熟。早实高产，结果稳定性好，果皮含胶率和种仁α-亚麻酸含量均高。嫁接苗或高接换种后2~3年开花，第5~6年进入盛果期，年产果量达2.8~4.3吨/公顷。适于建立高产杜仲胶和亚麻酸良种果园。该品种适应性强，抗干旱，在河南省山区、丘陵和沙区均生长良好。长江中下游和黄河中下游杜仲适生区也可推广。

（9）华仲9号（*E. ulaoides*“Huazhong No. 9”）

雌株，树皮浅纵裂型。在河南商丘，6年生平均胸径9.6厘米。成枝力中等。叶片卵圆形，长10.8厘米，宽6.0厘米。花期3月28日至4月15日。果实长椭圆形，果长 3.53 厘米，宽 1.11 厘米，果实千粒重 72.5 克。果实含胶率 11.60%，种仁粗脂肪含量 28%~31%，其中 *α*- 亚麻酸含量达 59%~62%。果实 9 月中旬至 10 月中旬成熟。果皮含胶率和种仁 *α*- 亚麻酸含量均高。嫁接苗或高接换种后 2~3 年开花，第 5~6 年进入盛果期，年产果量达 3.2~5.5 吨 / 公顷。适于建立高产杜仲胶和亚麻酸良种果园。该品种适应性强，抗干旱，在河南省山区、丘陵和沙区均生长良好。长江中下游和黄河中下游杜仲适生区也可推广。

（10）华仲 10 号（*E. ulaoides*“Huazhong No. 10”）

雌株，幼树树皮光滑，成年树树皮浅纵列型，在河南洛阳，10 年生胸径 12~16 厘米，萌芽力中等，成枝力强。叶片卵圆形，长 14.3 厘米，宽 8.6 厘米。芽长圆锥形，3 月上中旬萌动。在黄河中下游地区，雌花期 3 月 30 日至 4 月 15 日，雌花 8~16 枚，单生在当年生纸条基部。果实 9 月中旬 ~10 月中旬成熟，椭圆形，长 3.15 厘米，宽 1.06 厘米，厚长 0.18 厘米。种仁长 1.2 厘米，宽 0.21 厘米，厚长 0.15 厘米，成熟果仁千粒重 71.3 克。果皮质量占整个果实质量的 65.5%~70.6%，含胶量 17%~19%，种仁粗脂肪含量 26%~31%，其中 *α*- 亚麻酸含量 66.4%~67.6%，为目前 *α*- 亚麻酸含量最高的良种。嫁接苗建园栽植后 2~3 年开始结果，4~5 年进入盛果期，结果稳定性好，建园第 8 年产果量 3.2~3.8 吨 / 公顷，杜仲橡胶产量 385~456 千克 / 公顷。该品种适应性极强，在河南、河北、北京、陕西、湖南、湖北、山东、安徽、江西、贵州等地基本上没有病虫害侵害，适于各产区营建杜仲高产果园和果药兼用丰产林。

除了上述“华仲 1~10 号”由国家林木良种审定的 10 个杜仲品种外，见诸文献的还有“红叶”杜仲（*E. ulaoides*“Hongye”）、“小叶”杜仲（*E. ulaoides*“Xiaoye”）及“密叶”杜仲（*E. ulaoides*“Miye”）。

（11）“红叶”杜仲（*E. ulaoides*“Hongye”）

红叶杜仲又叫紫叶杜仲或紫红叶杜仲，观赏品种。叶片亮度 28.18，变红度 0.96，变黄度 2.69，颜色指数 5.54；总叶绿素含量 1.555 毫克 / 克，花色苷含量 0.304 毫克 / 克，叶色鲜红，花色苷质量分数显著高于普通杜仲。红叶杜仲的叶片正面红色细胞与绿色细胞相间排列。

（12）“小叶”杜仲（*E. ulaoides*“Xiaoye”）

小叶杜仲为观赏品种。叶片亮度 33.21，变红度 -8.24，变黄度 11.91，颜色指数 1.35；总叶绿素含量 1.782 毫克 / 克，花色苷含量 0.164 毫克 / 克。小叶杜仲的叶片正面无红色细胞。

(13)“密叶”杜仲(*E. ulaoides*“Miye”)

密叶杜仲为观赏品种。叶片亮度 32.02,变红度 -6.63,变黄度 9.37,颜色指数 1.86;总叶绿素含量 1.535 毫克 / 克,花色苷含量 0.141 毫克 / 克。密叶杜仲的叶片正面无红色细胞。

“红叶”杜仲(*E. ulaoides*“Hongye”)是由中国林科院经济林研究开发中心于 1996 年从实生苗中选出,其叶色鲜红,花色苷含量是普通杜仲 2.20~3.50 倍,叶色性状稳定,无性繁殖可维持其红叶性状,“红叶”杜仲树形优美,生长势强、无病虫害,2009 年通过河南省林木良种审定,是中国少数的具有自有知识产权的观赏型林木良种之一,在园林绿化中应用前景广阔。董娟娥等(2008)在无性系测定林的基础上,对 10 个杜仲无性系性状与标志性功效成分的含量进行了研究,发现无论在园林观赏价值方面还是药用有效成分含量方面,紫叶杜仲都是一个比较优良的变异型,可在全国杜仲主产区和园林风景区进行示范推广。

2017 年 1 月,由中国林科院经济林开发中心副主任、研究员杜红岩主持选育的“华仲 16 号”“华仲 17 号”“华仲 18 号”3 个果用杜仲良种,通过了河南省林木良种审定。

“华仲 16 号”果皮含胶率 16.5%~18%,种仁粗脂肪含量 28%~32%,其中 α- 亚麻酸含量 58.0%~62.0%,早实高产,盛果期产果量 2.3~3.8 吨 / 公顷。适于营建杜仲高产果园和果药兼用丰产林。

“华仲 17 号”果皮含胶率 16.0%~17.5%,种仁粗脂肪含量 30%~32%,其中 α-亚麻酸含量 59.0%~62.0%,抗寒早实高产,盛果期产果量 2.5~3.5 吨 / 公顷。适于营建杜仲高产果园和果药兼用丰产林。

“华仲 18 号”果皮含胶率 17.0%~18.5%,种仁粗脂肪含量 27%~30%,其中 α-亚麻酸含量 58.0%~60.0%,早实高产,盛果期产果量 2.6~3.9 吨 / 公顷。适于营建杜仲高产果园和果药兼用丰产林。

杜仲品种除了“华仲”系列品种外,还有西北农林科技大学选育的“秦仲”系列品种。

西北农林科技大学杜仲课题组张康健教授以有效成分为主要指标进行杜仲良种的选育,历时 17 年,最终完成了“杜仲良种树秦仲 1、2、3、4 号选育研究”工作。该研究在多项有效成分含量分析的基础上,选出杜仲优良种源区和优良类型,建立了无性系测定林。以有效成分为首选指标,结合生长量指标,并参考抗性指标,通过模糊综合评判方法初选出 14 个优良无性系。通过优良无性系区域栽培试验终选出有效成分含量高且性状稳定的优良品种秦仲 1~4 号。之后,他们对秦仲(1~4

号）杜仲新品种的繁殖技术进行了研究，得出利用杜仲芽位换接法解决了芽子突出、芽片与砧木难以紧密结合的问题，利于愈合组织的早形成，可获得秦仲 1~4 号杜仲新品种高繁殖系数和高成活率的繁殖效果；另外，为了保持秦仲 1~4 号新品种的优良特性和幼年性，采用 1 年生实生苗作砧木嫁接，既保持了新品种的优良特性又克服了树木老化引起的位置效应。

（14）秦仲 1 号（*E. ulaoides*“Qinzhong No. 1”）

秦仲 1 号为高胶、高药型优良品种。幼龄树皮光滑，成龄树皮浅纵裂，皮孔消失，树皮褐色，属粗皮类型。冠形紧凑，呈圆维形，分枝角度 50°～62°，芽圆锥形，3 月中旬萌动，叶片椭圆形，细锯齿，叶小，单叶面积 39.8 平方厘米。雄花 4 月中旬开放。树干通直，生长较快，根萌苗 3 年生树高 4.47 米，胸径 3.80 厘米。该品种药用成分和杜仲胶含量都很高，为药、胶两用型和花用型优良品种。超氧化物歧化酶活性较强，抗旱性强，抗寒性较强，速生。适宜于浅山区，丘陵和平原地区营造优质丰产园和水土保持林。该品种遗传增益：绿原酸为 80.50%，桃叶珊瑚甙为 74.93%，总黄酮为 101.82%，杜仲胶为 49.12%。该品种在陕南和关中南部表现为高胶、高药型优良品种。

（15）秦仲 2 号（*E. ulaoides*“Qinzhong No. 2”）

秦仲 2 号为高胶、高药型优良品种，幼龄树和成龄树树皮均光滑，暗灰白色。横生皮孔较明显，属光皮类型。冠形紧凑，呈窄圆锥形，分枝角度 30°～35°。芽圆锥形，3 月中旬开放，叶片椭圆形，细锯齿，叶小而密集，单叶面积 40.20 平方厘米，雌花 4 月中旬开放。树干通直，生长较快，根萌苗 3 年生树高 4.70 米，胸径 4.04 厘米。该品种杜仲胶和药用成分含量都很高，为胶、药两用型和果用型优良品种。抗寒性强，抗旱性较强，速生。适于雨量充沛或有灌溉条件的山地、丘陵和平原地区营造优质丰产园。该品种遗传增益为，绿原酸为 2.17%；桃叶珊瑚甙为 32.28%；总黄酮为 -41.14%；杜仲胶为 44.95%。在陕西汉中、杨凌和咸阳北塬均表现为高胶、高药型优良品种。

（16）秦仲 3 号（*E. ulaoides*“Qinzhong No. 3”）

秦仲 3 号为高药型优良品种。幼龄树皮光滑，成龄树皮较光滑，灰色，横生皮孔稀疏，属光皮类型。树冠紧凑，阔锥形，分枝角度 55°～65°。芽圆锥形，3 月中旬萌动。叶片卵形，细锯齿，单叶面积 55.10 平方厘米，雌花 4 月下旬开放。树干通直，生长较快，根萌苗 3 年生树高 4.44 米，胸径 3.53 厘米。该品种药用成分含量高，为药用型和果用型优良品种。超氧化物歧化酶活性强，抗旱性较强，抗寒性较弱，比较速生。适于雨量充沛的地区营造优质丰产园。该品种遗传增益为，绿原酸为 90.52%；桃叶珊瑚甙为 114.76%；总黄酮为 17.54%；杜仲胶为 26.48%。该品种在陕南和关中地区表现为高药型优良品种。

（17）秦仲 4 号（*E. ulaoides*“Qinzhong No. 4”）

秦仲 4 号为高药、防护林型优良品种。幼龄树树皮光滑，成龄树树皮浅纵裂，皮孔消失，树皮褐色，属粗皮类型。树冠紧凑，圆锥形，分枝角度 45°～55°。芽圆锥形，3 月中旬萌动，叶片椭圆形，细锯齿，单叶面积 48.5 平方厘米，雄花 4 月中旬开放。树干通直，生长迅速，根萌苗 3 年生树高 4.04 米，胸径 3.98 厘米。该品种药用成分含量高，为药用型和花用型优良品种。抗旱性和抗寒性都强，速生。适合于山区、丘陵地区营造优质速生丰产园。由于它抗性强，也适合于营造防护林和水土保持林。该品种遗传增益为，绿原酸为 71.33%；桃叶珊瑚甙为 21.78%；总黄酮为 -23.21%；杜仲胶为 2.51%。该品种在关中地区表现为高药型优良品种。

诚然，杜仲无论是“华仲”系列品种还是“秦仲”系列品种，存活在中国的杜仲，由于经历了几千年多种多样的环境变化，无论在形态特征、生物学特征、经济性状等方面均存在着一定的遗传变异性。杜仲的种内变异类型为：①树皮变异类型：深纵裂型 / 龟裂型 / 浅纵裂型 / 光皮型。气候较寒冷的地区以粗皮杜仲为主，反之气候较温暖湿润的地区多生长着光皮杜仲，但大部分地区是四种不同树皮类型共有。②叶片变异类型：长叶柄 / 小叶 / 大叶 / 巨叶 / 紫红叶。③枝条变异类型：短枝 / 龙拐。④果实变异类型：大果 / 小果。

总之，杜仲高产栽培技术必须与杜仲的良种化相配套，才能发挥杜仲最大的增产潜力和效益。品种较为丰富的杜仲优良无性系，为杜仲生产和杜仲胶产业化开发奠定了良好的材料基础。

三、高值化杜仲定向培育

1. 杜仲种质资源选拔育种

我国为现存杜仲的原产地，杜仲广泛的分布范围和适应性，造就了不同地理种源的杜仲生长、发育特点有明显的差异。就树皮特征而言，不同地区有很大差别，如湖南慈利杜仲林场以光皮类型较多，而遵义杜仲林场则以深纵裂类型较多。研究表明，不同种源区的种子，在种子品质和苗木生长等方面都存在差异。因此，有必要进一步开展杜仲地理种源试验研究，通过营造种源试验林，研究不同种源杜仲群体变异规律，筛选出适合不同地区发展的优良种源以及各种育种目标的优良植株。

（1）采样点的确定与采样方法

首先，确定采样点。我国杜仲自然分布地形复杂，生态环境差异较大，且多数种源区都是局部分布，并不连续，很难用网格法确定采样点，因此，根据杜仲主要分布区的生态环境特征，杜仲大的种源区可分为：秦岭山区、小陇山、中条山、伏牛山、熊耳山区、大别山区、武当山、鄂西山区、大巴山区、黄山、武夷山、西天目山等 17 个生态气候区。采样范围可参照以下 20 个地点：陕西宁强、岚皋，甘肃两当，山西闻喜，河南嵩县、新县，湖北郧西、恩施，四川达县、旺苍，安徽绩溪，江西九江，湖南慈利，贵州遵义、黔西、黄平，云南昭通，广西资源，福建崇安，浙江安吉。这些地区包括了我国杜仲自然分布的生态气候类型，也是我国杜仲的集中产区。具体采样点可根据当地杜仲资源分布情况确定。

其次，确定采样方法。目前，我国杜仲的天然林分保存不多，大多数为人工林，因此，采样林分必须是本地起源的林分，林分所处位置能够代表本地区的生态气候特点，采样林分应为成熟林，其面积和密度应满足采种单株数量、保证种子正常发育。有研究发现，杜仲存在单性结实现象，应避免从孤立木上采种。

（2）试验设计方法

首先是苗圃实验。苗圃实验要在同一块苗圃内进行，苗圃地选择要求土壤条件比较一致，空间异质性低。前茬为杜仲苗圃的要禁止做苗圃试验。苗圃试验设计与播种一般采用随机区组设计，小区面积 5 平方米左右，每小区苗木约 150 株，重复 4 次即可。用作种源试验的种子播种前需对种子进行品质鉴定，播种时按照设计好的排列顺序播种，同区组内要同时播种，播种行距 30~35 厘米，每行每 5 厘米播 1 粒种子。苗圃试验开展后应及时布置观测，苗期可以初步评定各产区适应能力、抗性及遗传变异的初步模式，观测项目主要包括发芽率、物候期、生长节律、抗病虫能力、成苗率、苗高、生物量、叶色等指标。

其次是造林试验。杜仲种源试验林除在特定条件下进行外，还应根据实际情况，在 3~5 个不同生态气候的多种立地条件下设多点造林试验，研究各种源遗传型与环境的交互作用，判定各种源对生态环境的适应范围。造林试验采用随机区组设计，4~6 株小区，6~7 次重复，2 米 ×4 米的造林密度。造林苗木从苗圃试验苗木中随机抽取，测定其速生性和抗性的稳定性一般需 6~8 年，如检测其叶片含胶量、含药量的稳定性，测定 3~5 年即可。造林试验开展后同样应及时布置观测，主要调查观测的内容有造林成活率、树高、胸径、皮厚、产叶量、叶片含胶量、主要药效成分含量、产皮量等，另外，对物候期、病虫害情况、冻害、干旱、风等应及时进行观测；其他需要调查的内容还有树形、分枝角度、干形、冠幅、叶片形态及大小、树皮特征、雌雄比例、果实形态及大小、呼吸速率、光合速率、养分含量等指标。

（3）试验结果分析

通过试验统计分析，可以得到：①不同种源间的差异情况；②种源与环境条件的关系；③杜仲群体遗传性状的相关性；④性状与生态因子之间的相关性；⑤杜仲的地理变异模式；⑥生态型的划分；⑦根据不同的生产目的，可以选拔专门的优良植株。

2. 杜仲多倍体育种

（1）多倍体形成的原理及方法

多倍体细胞形成的途径有两种：体细胞染色体加倍和性细胞染色体加倍。人工诱导多倍体是采用体细胞染色体进行加倍的。人工诱导多倍体的方法包括物理、化学和生物学三种，物理方法有温度骤变、X射线处理，离心力、机械创伤；化学方法有秋水仙素，咖啡碱、萘骈乙烷、三氯甲烷等；生物学方法是采用杂交和嫁接；其中以秋水仙素溶液的处理，使用较普遍，效果较好。

（2）多倍体的鉴定

处理后的植株，不一定都是多倍体，有的形成嵌合体，有的仍是二倍体。简单的鉴定方法是从形态上比较，叶、果、种子是否加大，内含物（含胶、含药量）是否增加。如果种子增大，播种后长成植株，再检查植株的叶片、气孔是否加大，花粉粒是否加大，但最可靠的方法是检查染色体数目。通常以根尖和花粉母细胞为镜检材料。

（3）我国杜仲多倍体育种取得的成果

植物多倍体由于染色体数目倍增，常带来一些形态和生理上的巨大性变化，如细胞体积增大、叶片增大变厚、代谢物含量增多等。因此，多倍体育种一直是杜仲遗传改良的希望所在。朱登云等首先通过胚乳培养获得了三倍性胚乳愈伤组织及其再生植株，但未见后续报道。此后相关研究多集中在体细胞染色体加倍方面，并通过施加秋水仙碱溶液处理杜仲种子及幼苗获得了四倍体，可用于选育三倍体的亲本材料。通过人工诱导 $2n$ 配子是快速获取三倍体的有效途径，目前也取得了一些成就。虽然进一步研究工作量还很大，但从现在的研究成果已经看到了杜仲多倍体育种的前景。

3. 杜仲生物技术育种

随着分子生物学研究方法及其应用技术的不断发展和完善，目前以分子标记辅助育种和遗传修饰育种（遗传转化或转基因育种）为代表的分子育种已成为植物育种的主要方向。分子育种因为能够有效地对植物重要的农艺性状的功能基因和代谢途径进行定向的人为调控和改变，打破原有种属间杂交不亲和的限制，组合多个目的基因于一体，克服传统杂交育种和诱变育种方法选育周期长、变异频率低等缺点，极大地促进了近年来植物育种的迅猛发展。杜仲常规育种已取得了较大的进展，生物技术育种研究也已有一定进步。杜仲组织培养方面建立了以愈伤组织诱导、愈伤组织诱导丛生芽、壮苗生根路线为基础的植株再生体系。杜仲遗传多样性研究方面研究表明我国杜仲资源混杂，遗传多样性较低。杜仲性别分子标记技术为幼苗时期杜仲性别选择及合理配置提供理论依据和实践指导，可大幅提高育种效率。杜仲全基因组精细图谱也于2014年完成，对杜仲的遗传改良、基础生物学和进化研究发挥重要的作用。随着高通量测序的发展，对杜仲功能基因的研究起了极大的促进作用，而功能基因的发掘为杜仲的转基因育种奠定了基础。

杜仲生物技术育种虽然已取得了一定的进展，但仍存在一些问题：(1)在杜仲遗传转化、细胞悬浮培养、原生质体培养、花药培养和离体培养等研究利用方面，仍未建立起一套可操作性强的技术体系。(2)缺乏基因的高效发掘技术，实用分子标记较少，许多重要目标性状基因还需紧密标记，还缺乏品质、产量、抗性等改良的高效育种技术。

4. 杜仲良种无性繁殖技术

杜仲硬枝扦插困难，以往一直通过种子育苗繁殖。但也可以采取嫁接、根蘖、插根、压条、嫩枝扦插等方法进行无性繁殖。杜仲新品种选育成功之后，无性繁殖技术则成为这些新品种选育规模栽培和实现产业化的关键。

杜仲具有很强的根蘖性，可以通过根蘖繁殖或利用幼化的根蘖苗嫩枝扦插繁殖。相关研究表明，利用大树埋根萌条、当年播种苗顶梢、出圃苗留根萌条进行嫩枝扦插是非常有效的无性繁殖方法，成活率均达90%以上。

组织培养具有繁殖系数大、苗木幼化整齐、可全年生产等优势，对于杜仲良种规模化生产意义重大。但从近30多年来的研究结果看，杜仲仍是一种难以进行组织培养的植物，原因在于杜仲组织培养芽的诱导率相对较低，在继代增殖过程中丛生芽生长缓慢、且容易黄化死亡，难以获得大量用于生根培养的丛生芽，限制了杜仲组培进入工厂化生产。

对于主要利用杜仲种子的果用良种的繁殖，必须采用嫁接方法，通过采集良种老树枝条作为接穗嫁接扩繁，可保证种植的良种能尽快开花结实。而对于主要利用营养体的杜仲良种，则不宜采用嫁接方法繁殖，因为砧木与良种接穗存在一定的互作，从而影响良种的优良特性发挥。

第三节　杜仲的分布与引种栽培

一、杜仲的分布

杜仲属中亚热带树种，天然分布限于我国长江中下游流域部分省区，以黔东北、川东北、湘西、陕南、鄂西一带为中心。但目前杜仲分布则是由中心原产地人工引种向全国各地扩延，水平分布范围界线是北纬 22° 00′~42° 00′、东经 100° 00′~121° 30′，东界至浙江的天目山、安徽的黄山、江苏的江浦等地，西到云南的云岭、点苍山，南界为福建武夷山、广西的大苗山等，北至甘肃的小陇山、陕西的秦岭以南、山西的中条山、河南的伏牛山、河北的燕山、辽宁的辽阳等，包括了甘肃、陕西、云南、贵州、四川、湖南、湖北、广东、广西、福建、江西、浙江、江苏、安徽、河南和山西 16 个省、260 多个县（市）。

我国杜仲的天然分布范围为北纬 25°~35°，东经 104°~119°，南北跨 10°，东西横跨 15°；垂直分布约在海拔 2 500 米以下。杜仲中心产区，即杜仲的自然分布区大致在陕南、湘西北、川北、川东、滇东北、岭北、岭西、鄂西、鄂西北、豫西南等地区。根据早期文献记载和现在残存的次生天然混交林和半野生状态的散生树木判断，以上地区是我国杜仲的天然分布区。从天然分布的省区看，北自陕西、甘肃，南至福建、广西，东达浙江，西抵四川、云南，中经安徽、湖北、湖南、江西、河南、贵州等省区。这些省区基本上为局部分布，大都集中在山区和丘陵地区。

根据杜仲栽培的发展和分布现状，将其水平分布区划分为引种区、边缘区、主要栽培区和中心栽培区（图 1-1）。

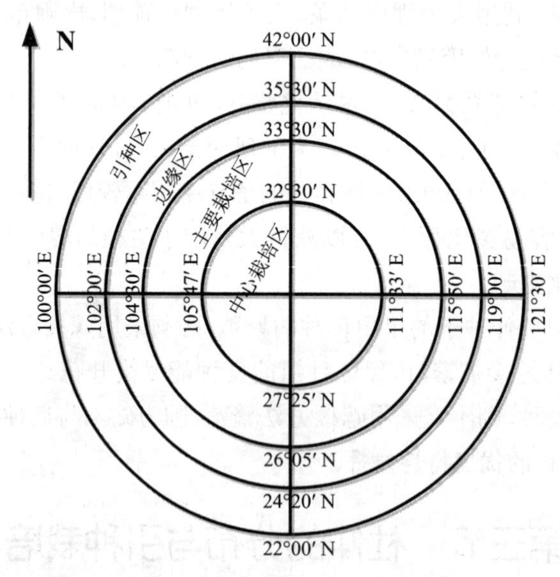

图 1-1 中国杜仲分布范围（引自张维涛等，1994）

杜仲中心栽培区的界线是北纬 27° 25′~32° 30′、东经 105° 47′~111° 33′。地处湘、黔、川、鄂四省交会的武陵山区，总面积为 17.6 万平方公里，中心栽培区内还残存有山野原生杜仲，如湖南的慈利、武陵源、桑植、玩陵、石门，湖北的神农架、巴东，贵州的江口等。杜仲中心栽培区处于我国中亚热带的中段，自然条件优越，西界南端从贵州织金起，向北经大方，折东至息峰，继向北顺铁路，经遵义、桐梓、正安，进入四川的涪陵，继向北横长江至梁干，经达县、万源进入陕西宁强，止于略阳；北界西端从略阳起，向东经汉中、安康，止于湖北郧西；东界北端起于郧西，向南经兴山、株归，继向南入湖南石门、慈利、桃源，经武陵山脉东段的沅陵，向南经吉首，止于辰溪；南界东端起于辰溪，向西经怀化、芷江，继而向西延进入贵州铜仁，经江口、石阡、黄平、瓮安，止于织金。

杜仲主要栽培区的界线是北纬 26° 05′~33° 30′、东经 104° 30′~115° 50′，包括贵州、湖南的全部，湖北西、南部，四川东、北部，陕西南部，云南东北部，河南西北部。杜仲是中亚热带的代表树种，主要栽培区是中亚热带，但北亚热带南部一些地区也是杜仲主要栽培区，这些北亚热带地区年降雨量 850 毫米以上，≥ 10 ℃积温 4 500 ℃以上，如陕西杜仲栽培分布在秦岭以南，和大巴山中低山丘陵的汉中盆地，如宁强、略阳、汉中、留坝、岚皋、安康、平利等县。河南伏牛山低山丘陵的嵩县、卢氏、汝阳等地。安徽主要是黄山山脉的屯溪、绩溪、宁国等地。

杜仲栽培边缘区紧邻杜仲主要栽培区，气候土壤等条件相似，发展杜仲潜力大。近年来，江西、广西、广东、福建等省区的部分县（市），对准市场要求，大力发展杜仲，取得到显著的经济社会和生态效益。

杜仲栽培引种区相对零乱。杜仲适应性强，适宜气候地段宽广，在 -40 ℃的低温仍能越冬，并能结籽繁衍后代。据此，杜仲在全国大部分地方均可引种栽植。据调查，河北、天津、山东、上海、吉林、广东等省（市）区的部分县，曾先后从杜仲原产地和主要栽培区引种获得成功。特别是云南的丽江、大理等地引种成功，将杜仲栽培向西扩展了 2 个经度。

由于国内许多地区引种获得成功，目前我国杜仲分布范围远远大于其自然分布区范围。引种栽培范围扩大到河北、山东、北京、天津、辽申、吉林南部、宁夏、青海、内蒙古南部、新疆南疆地区、广东北部等地。可以看出，杜仲具有较强的生态适应性和抗性，这使得其发展前景更为广阔。

二、杜仲引种栽培

杜仲地上部分在低于 -33 ℃时可能被冻死。目前报道杜仲引种北移的主要指标是≥ 10 ℃积温 3 100° ~ 4 500°，≥ 10 ℃以上积温天数 160 ~180 天，最高温度 43.6 ℃，最低温度 -30 ℃。

杜仲在我国的大部分地区均可引种栽培。河北、山东、北京、天津、辽宁、吉林南部、宁夏、青海、内蒙古南部、新疆南疆地区、广东北部等地的部分县，曾先后从杜仲原产地和主要栽培区引种获得成功，特别是云南的丽江、大理等地引种成功，将杜仲栽培向西扩展了2个经度。

在我国，杜仲的栽培历史非常久远，栽培过程中积累了丰富的经验。杜仲的栽培发展史大致可分为3个时期，即1952年前群众自发栽培应用时期，1953~1983年集中发展起步时期，1983年后的杜仲产业基地建设时期。目前，杜仲广泛分布于我国亚热带到温带的27个省（区、市），主要栽培区为河南、湖南、湖北、贵州、陕西、四川、浙江、安徽、云南、江苏、山东、江西、重庆、福建、甘肃等省区，种植面积约为35.8万公顷，栽培面积占世界杜仲资源总面积的99%。

陕西省是杜仲的原产地之一，为我国杜仲的主要产区，产量和资源位居全国首位，栽种面积为5.46万公顷，分布于秦岭山地以南、大巴山以北（汉中、安康）和渭北丘陵山区（咸阳、铜川、渭南、延安等）。四川省杜仲资源主要分布在大巴山以南邛峡山，大小相岭以西的川东和川北地区（广元、旺苍、巴中、平武、城口等区县），栽种总面积约为3.8万公顷，位居全国第二位。河南省杜仲林总面积为3.39万公顷，位居全国第三位，分布于伏牛山区（嵩县、栾川、汝阳、南召、镇平、内乡、西峡），熊耳山（卢氏、灵宝），桐柏山区（桐柏），大别山区（新县、信阳）。湖南省现有的14个地级市中均有杜仲分布，现有杜仲11 551.6公顷，主要分布在张家界慈利县、湘西土家族苗族自治州保靖县、益阳安化县和常德石门县，其中慈利县的栽培面积达4 969.1公顷，被称为湖南的杜仲之乡，栽培模式主要以传统的大树栽培模式为主，在少数地方开始了果园化栽培模式和立体栽培模式的尝试；到后期，湖南省杜仲栽种面积为3.36万公顷，其中，10年以下的幼龄林约占87%，10~20年的中龄林约占10%，20年以上的成年林面积约占3%，分布于湘西北山（石门、慈利、张家界、桑植、永顺、龙山）。湖北省现有杜仲林总面积约3.33万公顷，其中80%以上都是25年生以下的人工林，分布于鄂西山地（鹤峰、咸丰、宣恩、恩施、建始、巴东、秭归、兴山）及鄂西北（鄂西县等）。重庆栽种面积为2.8万公顷，全市各县区均有种植（南川最为著名）。贵州省种植杜仲已有1300多年的历史，是我国杜仲中心产区之一，全省各地均有分布和栽培，主要分布于娄山山脉和苗岭山地（遵义、江口、习水、正安、石阡、黔西、大方、织金、湄潭、桐梓、瓮安、黄平、开阳、关岭、镇宁），目前，栽种总面积约2.61万公顷，其中遵义是贵州省栽培最集中的地区，早在1953年就被林业部列为全国四大杜仲基地之一，贵州省遵义县曾被国家林业局命名为“中国杜仲之乡”。山东省在新中国成立前就开始了杜仲的引种工作，目前杜仲栽植面积为2万公顷左右，分布于东部沿海和鲁中南沙石山区（日照、青岛、烟台、临沂、莱芜、泰安、济宁、枣庄)。甘肃省在小陇山及其以南的徽县、成县、武都区、文县、康县、两当县和平凉市的华亭县等地均有杜仲的天然分布,在定西市、临夏州、兰州市均有杜仲的引种栽培,在甘肃全境,只要立地条件允许,均可栽培杜仲,甘肃省栽种面积为1.67万公顷。江西省栽种面积约1.6万公顷,分布于宁冈、赣县、广丰、武宁、德兴、安福、黎川、修水、萍乡、分宜等县市。江苏省是我国东部主要的杜仲栽培区,也是我国最早开展杜仲规模化种植的地区之一,目前栽种面积约1.5万公顷,分布于南京、响水县、射阳县、如东县。山西省目前杜仲栽植面积约1.2万公顷,主要分布在山西省南部的运城、临汾、长治、晋城等地,其中闻喜县有杜仲规模化繁育基地200余公顷。

就全国杜仲引种栽培看,陕西省现有杜仲林面积5.46万公顷,占全国杜仲栽植总面积的15.3%;四川杜仲林面积3.8万公顷,占总面积的10.6%;河南、湖南、湖北杜仲林面积分别为3.39万公顷、3.36万公顷、3.33万公顷,分别占总面积的9.5%、9.4%、9.3%;重庆、贵州、山东、甘肃、江西、江苏、山西7省杜仲林总面积为13.38万公顷,占全国杜仲林面积的37.4%。上述12个省(区)杜仲林的栽培面积达到32.72万公顷,约占全国杜仲栽培总面积的91.4%。其余省区按照杜仲栽培面积从大到小依次为安徽(0.9万公顷)、广西(0.5万公顷)、河北(0.4万公顷)、福建(0.4万公顷)、浙江(0.3万公顷)、云南(0.2万公顷)、北京(0.1万公顷)、广东(0.1万公顷)、辽宁(0.1万公顷)、吉林(0.05万公顷)、上海(0.02万公顷)、新疆(0.01万公顷),合计占全国杜仲栽植总面积的8.6%。

此外,杜仲主产区特别是河南、山东、湖南、甘肃等省陆续建立了一批杜仲良种繁育基地与高效栽培示范基地,先后繁育杜仲高产胶良种苗木2 350万株,带动示范推广10.45万亩,增产果实2.52万吨,增加经济收入5.05亿元,纯收入1.51亿元。

另外,宁夏哈巴湖国家级自然保护区管理局自2017年实施了中央财政林业科技推广示范项目——“杜仲良种繁育和高效栽培技术示范推广”,项目引进杜仲良种3个,主要包括杜仲高胶、高药型资源良种秦仲2号、高药、防护林型杜仲品种秦仲4号和杜仲观赏型良种紫叶杜仲;建立杜仲良种采穗圃3亩,种苗繁育圃7亩;杜仲高效栽培技术示范推广200亩,其中杜仲叶皮材兼用林高效栽培模式150亩,杜仲果园化栽培模式50亩。从2017年栽植的苗木看,杜仲可安全过冬;但当年栽植的杜仲生长一般(图1-2)。

值得指出的是,杜仲是我国特有植物,国外有不少国家也引种栽培。国外从我国引种杜仲已有一百多年的历史。1896年法国成功将杜仲引种到法国的植物园,几年后,英国也开始引种;日本是从1899年开始引种,遍及24个县,面积达500公顷，园艺化经营，日本引种杜仲主要应用于医药保健行业，有部分行道树；俄国于1906年引入，1931年前苏联开始在里海地区和北高加索地区大量栽植杜仲，试图解决橡胶缺乏的难题，前苏联对杜仲引种获得成功，并经受了1940年冬季-38℃～-40℃的低温考验；美国1952年开始先后在俄亥俄州、犹他州、印地安那州、伊利诺斯州及加利福尼亚州引种，用于街道和庭院绿化观赏，被认为具有特别的价值；近年来韩国与朝鲜也步入引种的行列。除上述国家外，德国、匈牙利、印度、加拿大等国也先后从我国引种过杜仲。总之，国外杜仲种植和生产规模较小，总量不足杜仲总资源的5%，栽培目的主要以医疗保健和园林绿化为主。

图1-2 宁夏哈巴湖国家级自然保护区2018年引种栽植杜仲当年状况

第二章　杜仲的化学成分、药理作用及其他应用

第一节　杜仲的化学成分

20 世纪 50 年代以来，各国学者对杜仲的化学成分进行了大量研究，发现杜仲皮、花、叶和枝条、果实等各部分中含有相似的化学成分，从中提取获得的化学成分多达 134 种，主要有木脂素类、环烯醚萜类、黄酮类、苯丙素类、甾醇类、三萜类、多糖类、酚类、杜仲胶等有机化合物及钙、铁等无机元素，其中木脂素类和环烯醚萜含量最高，其次是黄酮类。

一、木脂素类

木脂素类是杜仲含量最丰富的主要活性成分之一，也是杜仲活性成分中研究最多、结构最为清晰、成分最为明确的一类化合物，迄今分离得到的木脂素类化合物共 32 种，多为苷类，按其结构可分为双环氧木脂素、单环氧木脂素、环木脂素、新木脂素和倍半木脂素，有松脂醇二糖苷、丁香脂素二糖苷、中脂素二糖苷、儿茶素二糖苷、表松脂素、杜仲脂素和橄榄素等。这类物质具有广泛的生物活性，在保护肝脏、抗氧化、降压、镇静等方面效果突出，其中松脂醇二葡萄糖苷是杜仲药材质控的重要指标。

二、环烯醚萜类

环烯醚萜类化合物主要分布在杜仲皮和叶中，现已从杜仲中分离得到 29 种环烯醚萜类化合物，多数为已知化合物，包括杜仲醇、杜仲醇苷、京尼平、脱氧杜仲醇、京尼平苷、京尼平苷酸、桃叶珊瑚苷、哈帕苷丁酸酯、筋骨草苷、雷扑妥苷、杜仲醇苷、车叶草苷、车叶草酸、去乙酰车叶草酸、10- 乙酰鸡屎藤苷、表杜仲醇等。其中，京尼平苷酸、京尼平苷和桃叶珊瑚苷研究最多，具有降血压、抗老化和增强免疫功能等药理作用。

三、黄酮类

黄酮类化合物也是杜仲的主要有效成分之一，主要以糖苷的形式存在，多分布

在杜仲叶中,现已从杜仲中分离鉴定18种黄酮类化合物,有芦丁、槲皮素、儿茶素、山奈酚、黄芩素、汉黄芩素、紫云英苷、陆地锦苷、金丝桃苷和山奈酚等,具有广泛的抗菌、抗高血压和提高机体免疫力等功能。黄酮类化合物是杜仲及其制剂品质好坏的评价指标之一。

四、苯丙素类

苯丙素类化合物是形成木脂素类的前体,广泛存在于杜仲叶和皮中。迄今为止,杜仲中发现的苯丙素类有14种,主要有咖啡酸、松柏酸、愈创木丙三醇、松柏苷、丁香苷、间羟基苯丙酸、绿原酸、绿原酸甲酯、香草酸、寇布拉苷等,其中绿原酸含量作为杜仲叶生药的主要有效成分和质量控制的标准。

五、其他萜类

目前从杜仲皮中分离出来的其他萜类物质主要有白桦脂醇、白桦脂酸、熊果酸、B-谷菌醇以及胡萝卜苷等。Okada等从杜仲叶的氯仿提取物中分离出一种单萜loliolide,药理试验表明,该物质具有免疫抑制活性,对人鼻咽癌(KB)和鼠淋巴细胞白血病均有生长抑制作用。

六、多糖

从杜仲皮内分离出杜仲糖A和杜仲糖B。杜仲糖A为酸性多糖,具组成为L-阿拉伯糖、D-半乳糖、D-葡萄糖、L-鼠李糖、半乳糖醛酸,其摩尔比为8:6:4:5:8;杜仲糖B为一种聚糖,由一种鼠李糖和半乳糖组成。以上两种多糖均对网状内皮系统有活化作用,可增强肌体非特异性免疫功能。

七、杜仲胶

杜仲胶是一种天然的高分子化学物质,普遍存在于各组织中,落叶含胶2%~3%,树皮含胶10%~12%,果实含胶10%~18%。杜仲胶的化学组成与天然橡胶相同,但二者化学结构不同,天然橡胶是顺式聚异戊二烯,杜仲胶是反式聚异戊二烯,从而导致两者的性质也大有不同。天然橡胶非常柔软并且富有弹性,而杜仲胶既可呈现橡胶态又可呈现不同的塑料态,具有"橡胶-塑料"的二重性。因此,杜仲胶是一种目前世界上除三叶橡胶之外具有巨大开发前景的资源之一。

研究表明,杜仲果实内含胶特性的年变化特点可以划分为两个阶段,在果实基本停止生长以前,果皮和果实含胶率变化与果实的生长发育密切相关,果皮和果实含胶率随着果实的生长而迅速提高;在果实基本停止生长以后,含胶率提高缓慢;不同树龄杜仲果皮和果实的含胶率比较稳定。采用高接换雌建园和嫁接苗建园两种方式建立杜仲高产胶果园都具有十分明显的增产效果。

研究表明,杜仲树皮含胶率在一年内的变化不明显,树龄为6年以前的树皮其含胶率随树龄的增长而提高，树龄为6年以后的树皮其含胶率有所下降并逐步趋于稳定；同一单株杜仲树皮的含胶率和杜仲胶的密度，随其主干高度的增加总体呈上升趋势；由于杜仲皮含胶率在一年中比较稳定，因而在不同的生长季节均可以取皮利用，且以树龄为6年的杜仲皮最为适宜；由于树皮木栓层不含杜仲胶，随着树龄增加，树皮木栓层逐步形成，树皮含胶率降低，利用率随之降低。显然，杜仲皮含胶率具有年内变化和年际变化的特点。研究表明，不同产地10年生杜仲胸径、树皮厚度和树皮含胶率均存在极显著差异，北方产区杜仲胸径和树皮厚度普遍高于南方产区；在纬度相似的地区，东部产区高于西部产区；杜仲皮的含胶率大体上随着纬度的增加而呈逐步减小趋势，南方产区杜仲皮的含胶率一般比北方产区高；海拔越高、年降雨量越大、年均气温越高、无霜期越长，越有利于杜仲皮内杜仲胶的形成和积累，树皮含胶率越高。

八、其他成分

杜仲富含16种氨基酸，必需氨基酸为氨基酸总量的30%~40%。另外，杜仲叶中还具有丰富的维生素E、维生素B_2、β-胡萝卜素以及少量的维生素B_1。生命必需的16种微量元素，杜仲叶中就含有13种。除以上所述外，杜仲叶中还含有35种挥发性成分、多糖、生物碱、葡萄糖乙甙、芰普内酯等生物有效物质。

值得指出的是，杜仲剥皮处理能够对杜仲次生代谢物含量产生影响。研究表明，5年生杜仲分别进行50%、75%、100%剥皮处理，116天内杜仲叶片可溶性糖、游离脯氨酸、丙二醛、苯丙氨酸解氨酶、绿原酸、总黄酮、京尼平苷酸的含量发生了明显的变化。36天时，100%剥皮处理的可溶性糖含量最高，为对照的1.3倍；86天前，100%剥皮处理游离脯氨酸含量在显著高于对照；不同剥皮处理的杜仲叶片丙二醛含量随剥皮时间均呈先升高后降低的趋势，在21天时达到最大值；剥皮处理后，杜仲叶片苯丙氨酸解氨酶活性显著增加，21天时达到最大值，50%、75%、100%剥皮处理的杜仲叶片苯丙氨酸解氨酶活性分别为对照的2、2.1和2.6倍，21天后不同剥皮处理的苯丙氨酸解氨酶活性均呈下降趋势；剥皮处理后，杜仲叶片绿原酸含量出现2次显著增加，分别在21天和56天，其中56天时75%剥皮处理的叶片绿原酸含量显著高于对照及其他剥皮处理，56天后不同剥皮处理的绿原酸含量均迅速降低；不同剥皮处理杜仲叶片总黄酮含量随剥皮时间显著增加，在21天时达到峰值，50%、75%、100%剥皮处理的叶片总黄酮含量分别为对照的1.2、1.3和1.9倍，41天后不同剥皮处理与对照间总黄酮含量无显著差异；不同剥皮处理杜仲叶片京尼平苷酸含量与绿原酸含量变化规律相似，京尼平苷酸含量在21天和56天时显著增加，其中又以75%剥皮处理的叶片京尼平苷酸含量增加最为明显，116

天时不同剥皮处理的京尼平苷酸含量与对照均无显著差异。可见，剥皮处理对杜仲植株有一定程度的伤害，但经过植物多方面的调节，这种伤害能得到修复；75%剥皮量有利于杜仲树体恢复，且可提高杜仲叶中次生代谢物含量。

第二节 杜仲的活性成分

近年来，国内外学者对杜仲的活性成分进行了大量研究，得知杜仲的主要活性成分有木脂素、环烯醚萜、黄酮、苯丙素和杜仲胶等40多种化合物，其中，木脂素类的松脂醇二葡萄糖苷，环烯醚萜类的桃叶珊瑚苷、京尼平苷酸，黄酮类的槲皮素，苯丙素类的绿原酸等是杜仲中具有重要药理功能的生物活性成分，并且已经在医疗、保健、工业等诸多领域开发利用。

一、松脂醇二葡萄糖苷(Pinoresinol diglucoside)

松脂醇二葡萄糖苷是一种双环氧木质素，是杜仲中主要的有效降压成分，另外还有神经保护、降血脂、抗肿瘤、抗菌及抗病毒等药理作用。杜仲皮、叶中均含有该物质。

二、桃叶珊瑚苷(Aucubin)

桃叶珊瑚苷是一种重要的生物活性物质，具有清湿热、利小便、镇痛、降压、保肝护肝、抗肿瘤等作用。它能促进干细胞再生，明显抑制乙型肝炎病毒DNA的复制，其苷元及有效多聚体是一种抗菌素。它是杜仲等中药材的有效成分之一，又是一些成药的质量指标。杜仲的叶、皮、种子中均含有该物质。

三、京尼平苷酸(Geniposidic acid)

京尼平苷酸别名京尼平甙酸，栀子苷酸，金尼泊甙酸，具有增强记忆、抗氧化、抗衰老等功能，在降低血压和调节血压方面效果明显和优良。另有研究表明，杜仲具有抑制导致癌细胞突然变异的作用，这主要与杜仲中的许多环烯醚萜类化合物，如京尼平甘、京尼平甘酸等有关，因为它们可以防止X射线导致的肿瘤发生，对血液系统的辐射损害起到一定的减轻作用。杜仲的皮、叶和雄花中含有该物质。

四、槲皮素(Quercerin)

槲皮素，又名栎精，槲皮黄素，具有较好的祛痰、止咳及平喘作用。此外还有降低血压、增强毛细血管抵抗力、减少毛细血管脆性、降血脂等作用，能抑制离体恶性细胞的生长、抑制艾氏腹水癌细胞DNA、RNA和蛋白质合成。杜仲的皮、叶和雄花中含有该物质。

五、绿原酸(Chlorogenic acid)

绿原酸是一种重要的生物活性物质，具有抗菌、抗病毒、增高白细胞、保肝利胆、降血压、降血脂、清除自由基和兴奋中枢神经系统等作用。杜仲绿原酸有较强的消炎以及抗癌和抑癌之功效。日本学者研究发现杜仲绿原酸具有抗变异原性抑制作用，能对肿瘤的预防起到重要的作用。

当然，前述杜仲的化学成分有许多也是医药的活性成分。

第三节　杜仲的药理作用及其药用

杜仲是我国独有药材，如前所述，杜仲富含多种活性成分，如木脂素、环烯醚萜、黄酮、苯丙素、酚苷类、多糖、微量元素以及氨基酸等，具有降血压、降血糖、抗菌抗病毒、抗衰老、抗氧化、抗肿瘤、抗疲劳和调节免疫等多重功效，根、叶和皮均可入药，药性甘、温，临床上常用来预防和治疗高血压、糖尿病、妊娠漏血、肾虚腰痛、心肌梗塞和脑血管循环不畅等疾病，并取得了良好的临床疗效。

一、降血压

杜仲具有明显降压作用，被誉为中药材界天然降血压药，已知的降血压成分如表 2-1。

表 2-1　杜仲中已知的降血压成分

化学成分	降压成分
木质素类	松脂醇二葡萄糖苷、脱氢二松柏醇二葡萄糖苷、丁香脂素二葡萄糖苷、松脂醇单糖苷、柑桔素 B
苯丙素类	咖啡酸、阿魏酸、绿原酸
环烯醚萜类	京尼平、京尼平苷酸
黄酮类	槲皮素、芦丁、黄芩素、汉黄芩素

木脂素类化合物主要是通过舒张血管产生降压作用的，其中，松酯醇二葡萄糖苷为重要抗高血压成分，并与丁香脂素二葡萄糖苷一起对动脉血压进行双向调节。

苯丙素类化合物咖啡酸、阿魏酸、绿原酸的降压作用主要是通过诱导内皮细胞中的一氧化氮合成酶，促使一氧化氮合成增加，从而舒张血管起到降压效果。

环烯醚萜类的京尼平、京尼平苷酸的降压机制可能是通过影响细胞内 cAMP 水平，进而降低心率及心肌收缩力产生的。

黄酮类化合物槲皮素、芦丁、黄芩素、汉黄芩素是通过多种途径降低血压的。在低浓度时舒张血管产生压降作用，在高浓度时主要通过抑制血管平滑肌细胞的钙离子通道而舒张血管降低血压。另外，还可通过抑制血管平滑肌细胞的增生途径来降低血压。

二、降血糖

杜仲叶中的芦丁、槲皮素内的5种黄酮类物质可以有效地抑制α-葡萄糖苷酶的活性，从而抑制糖的吸收。有研究测定了包括杜仲叶在内28种植物，结果显示，杜仲叶对α-葡萄糖苷酶的制率高达92%，位居第一，从而说明，杜仲叶具有显著的降血糖作用。

三、抗菌、抗病毒

杜仲可对多种细菌和病毒繁殖起到抑制作用，杜仲皮、叶和种子中含有的绿原酸、桃叶珊瑚苷等活性物质能对大肠杆菌、革兰氏阴性、革兰氏阳性菌、铜绿假单胞菌和金黄色葡萄球菌以及柯萨奇B组3型、腺病毒7型病毒进行有效抑制，能明显减缓乙型肝炎病毒DNA复制，并通过兴奋中枢神经系统，刺激胆碱和胃液分泌，从而提高白细胞数量和抗病毒作用。

四、抗衰老、抗氧化

杜仲中的环烯醚萜类化合物京尼平、京尼平苷、桃叶珊瑚苷，木脂素类化合物丁香脂素二糖苷等具有提高衰老小鼠红细胞中的SOD、GSH-Px和CAT的活性，促进人体皮肤、骨骼和肌肉中蛋白质胶原的合成和分解，促进人体新陈代谢，预防衰老的作用。

杜仲中的黄酮和多糖对超氧阴离子（$O_2^-\cdot$）、羟自由基（$\cdot$OH和DPPH$\cdot$）具有一定的抑制和清除作用，起到抗氧化作用。另外，黄酮通过抑制氧化产物丙二醛的积累，促进抗氧化酶（过氧化物酶和过氧化氢酶）的活性，并对氧化损伤的Fe^{3+}/EDTA、H_2O_2和Vc反应保护，从而来提高机体的抗氧化能力。

五、抗肿瘤

现代药理实验证明杜仲有抗癌和抑癌之功效，其作用与其所含的木脂素、苯丙素及环烯醚萜类化合物有关。木脂素类丁香脂素双糖苷在抑制淋巴细胞白血病中有较好作用，苯丙素类的绿原酸具有抗变异原性抑制作用，环烯醚萜类化合物桃叶珊瑚苷能阻断G_0/G_1期A549细胞周期诱导凋亡，能预防抑制小细胞肺癌，京尼平苷酸和京尼平苷也具有抗肿瘤活性作用。

六、调节免疫

杜仲对非特异性免疫具有增强作用，对特异性免疫中的细胞免疫具有双向调节作用，既能提高单核-巨噬细胞的吞噬能力，又能对Ⅳ型细胞介导的迟发型变态反应具有抑制作用，这些可能与其含有的黄酮类、多糖类、木脂素类化合物有关。

七、其他

杜仲可以降低血浆甘油三酯、胆固醇、低脂肪酸和低密度脂蛋白，还可以显著增加脂肪细胞，促进的葡萄糖转运和消耗，调节人体代谢的平衡。杜仲绿原酸及桃叶珊瑚苷具有较强的镇痛、抗菌消炎、促进伤口愈合作用。另外，桃叶珊瑚苷为利尿有效成分，可通过刺激副交感神经中枢，加速尿酸转移和去除。

单纯从传统中医药来讲，杜仲的药理作用如下：

（1）杜仲皮的药理功效

①治肾虚腰痛、足膝酸楚、腰肢乏力。

②安胎作用。中医临床经验，妊娠2~3个月，胎动腰痛欲直及妊娠漏血、胎动不安，常与川续断或桑寄生、阿胶、菟丝子等同用。

③降血压。杜仲制剂对一、二期高血压病的疗效较显著，主要表现在降低血压和主观症状的改善，连续服用，较长时间未发现明显的副作用及毒性反应。炒杜仲的煎剂降压作用更显著。

④抗菌消炎作用。杜仲水煎剂对结核杆菌、福氏痢疾杆菌、大肠杆菌、绿脓杆菌、金黄色葡萄球菌、肺炎球菌、炭疽杆菌等有抑制作用。

⑤利尿作用。杜仲对实验动物有较强的利尿作用，而且无“快速耐受”现象。

⑥抑制作用。杜仲能改善高血压病人头晕、失眠症状，大剂量对动物中枢神经系统有明显抑制作用，使之安静、嗜睡。

⑦强壮剂。服用杜仲药剂能使老年体弱者头昏减轻、精神振作、轻身体健。

（2）杜仲叶的药理功效

①叶片毒素。经过耐受量、急性毒性试验、积蓄量、亚极性毒性试验、慢性毒性及致突变等系列试验，均证明杜仲叶无毒性，属无毒级，使用安全。

②抗氧化（抗衰老）。用杜仲叶制作的功能食品抗氧化效果比V_E好得多，另外杜仲愈伤组织也有很好的抗氧化效果。杜仲可促进人体皮肤、骨骼和肌肉中蛋白质胶原的合成和分解，促进代谢，预防衰老。在失重或超重环境下抗人体肌肉和骨骼老化，预防骨质疏松，作为航空航天的空中功能食品具有巨大的开发潜力。

③抗疲劳。应激试验表明，杜仲叶具有明显的解疲劳、恢复损伤的作用。

④免疫调节功能。杜仲叶能显著改善人体免疫系统的免疫力，防御疾病，抑制病原体的侵入，还具有抗免疫缺陷病毒的作用。并且具有双向调节细胞免疫功能的作用，使人体的免疫功能处于良好状态。这对维持人体的健康是十分有利的。

⑤降低血压、血脂和胆固醇。杜仲叶和皮具有降压作用,而且叶较皮具有更佳的疗效。杜仲黄叶、落叶降压效果不明显,不宜作药品用。经过炒或烘干的绿叶降压总体效果远不如绿叶好,鲜绿叶又以水煎为好。有关研究还表明,杜仲叶还具有降低血脂和胆固醇,促进冠状动脉血液循环,治疗心、脑血管疾病。

⑥抗菌消炎功能。杜仲叶中含有丰富的绿原酸,含量达 2.5%~5.28%。绿原酸具有广泛抗菌,兴奋中枢神经,促进胆汁和胃液分泌、止血,提高白细胞数量和抗病毒的作用。

⑦清除体内垃圾。杜仲叶对血清中超氧阴离子自由基 $O_2^-\cdot$ 的清除率达 76.8% 以上,降低肝组织过氧化脂质的作用达 64%。

⑧其他功效。国内和日本专家近年来研究表明,使用以杜仲叶为原料提取的化妆品,可使肌肤美白,消除老年斑,还能够增加头发的黑色素细胞的分裂,提高头发黑色素细胞的活性,防止白发效果良好。饮用杜仲茶还可消除肥胖、防治牙齿松动,预防牙周病,老年痴呆症,治疗畏寒症等。

当然,杜仲不但能降低烟、酒对人体的危害,减少有机磷农药对人体的危害,而且能抗病毒,抑制染色体异常,预防细胞癌变。

第四节　杜仲的其他应用(畜禽饲料、猪饲料、鱼饲料等)

杜仲叶、皮内含有的粗蛋白、粗脂肪、维生素及氨基酸等各种营养物质及具有药用功能的活性物质,使其成为十分理想的功能饲料。用杜仲叶、皮或杜仲提取物作为畜禽或水产养殖辅助饲料及饲料添加剂,可以大大提高饲料利用率、减少畜禽及鱼类抗生素的应用、提高动物免疫力、增强体质、改善肉蛋的品质。

在鸡饲料中添加杜仲提取物后,不仅提高了蛋鸡和肉鸡的生长性能,改善肠道菌群,提高免疫力,还能显著改善鸡蛋和鸡肉的品质,其中鸡蛋胆固醇降低 10%~20%,鸡肉内羟脯氨酸含量提高 50% 以上,使肌纤维变细,提高鸡肉中肌苷酸的含量。另外,对蛋鸡脂肪肝综合征的防治有显著效果。

在猪饲料中添加的杜仲多种活性成分,可以促进免疫球蛋白(IgA、IgM、IgG)的生成,增强仔猪免疫功能,还能调节猪肠道菌群,其中乳酸菌和双歧杆菌明显增高,同时大肠埃希氏菌、肠球菌指数以及腹泻率明显降低。另外,猪血液中的超氧化物歧化酶和谷胱甘肽过氧化物酶的活性分别提高,丙二醛浓度降低,猪的抗氧化能力得到改善。在饲料中添加杜仲提取物,还能显著提高猪肌肉肌内脂肪含量以及猪肉总氨基酸和鲜味氨基酸含量,瘦肉率、后腿肌肉率分别提高 1.8% 以上,猪胴体品质及肌肉质量得到大大改善。

杜仲在水产养殖中多应用于鱼类。有研究表明，用添加杜仲叶粉的饲料饲养鲤鱼，一段时间后，发现鲤鱼肌肉的蛋白质含量升高，脂肪含量下降，特别是氨基酸总量、人体必需氨基酸量均升高，使得鱼肉肉质更加鲜嫩。在草鱼饲料中添加5%碎杜仲叶，鱼的增重提高8.5%~9.2%，饲料利用率提高10.5%~13.4%，经济效益提高12.7%~15.3%。在人工养殖的鳝鱼饲料中添加2.5%的杜仲粉，能降低肌纤维粗度和体脂肪含量，提高鳝鱼肌肉强度和肌胶原蛋白含量，改善鳝鱼肉的烹调风味。用添加了杜仲叶粉的饲料喂养鲤鱼30天后，发现鲤鱼的免疫力增强，存活率和生长速度明显提高，鲤鱼肌纤维变细，肌肉的营养价值提高，肉质得到改善。

第三章　杜仲产业的发展状况及相关政策

经过几十年来几代人的共同努力，我国杜仲产业从育种到种植模式乃至产业链的开发已经发生了历史性的飞跃。在育种和栽培模式方面，我国已成功选育出一批适应性强，产胶量高的新品种，并总结出一整套行之有效的杜仲栽培模式，为我国大规模营造杜仲橡胶林奠定了很好的技术基础。在产业化方面，杜仲胶及杜仲植物活性成分提取技术已经基本成熟，杜仲中药、杜仲保健品、食品、杜仲饲料的开发应用等综合利用体系已经基本形成，告别了几千年来仅靠杜仲树皮药用的历史。以杜仲胶为龙头的杜仲资源综合利用模式为打造低碳、节能、环保、绿色的工农业复合型杜仲生物制造产业体系奠定了良好的基础。在我国已经具备了作为新兴战略产业加快扶持发展的条件。

第一节　杜仲产业及其产业链

杜仲是我国特有的珍贵孑遗树种，国家二级保护植物，其根、叶、皮、花、果实等部位富含多种活性成分，如绿原酸、桃叶珊瑚苷、京尼平苷酸、京尼平苷等有效成分，具有提高机体缺氧耐力、改善免疫功能、降低血脂、平衡调节血压等功效，迄今已有二千多年的药用历史。此外，杜仲又是我国最具发展优势的温带木本胶源植物，杜仲胶具有其他任何高分子材料都不具备的“橡胶 - 塑料二重性”，可广泛应用于橡胶工业、航空航天、国防、船舶、化工、医疗等国民经济各领域，产业覆盖面广。另外，杜仲或其提取物作为添加剂能有效提高动物生长性能，增强机体免疫力等。可见，杜仲全身是宝，用途广泛，在医药保健、橡胶制造、生态保护、绿色养殖、保健食品等多个重要领域显示出巨大的应用价值和开发潜力。

一、杜仲中药及营养保健品产业

杜仲素有植物“药黄金”之称，杜仲皮是我国传统名贵药材，具有补肝肾、强筋骨、调血压、防衰老、抗肿瘤等功效。近年来，随着研究的深入，发现杜仲的叶、花、果等也具有很高的药用价值。

杜仲作为中药在我国应用至少已有 2000 多年的悠久历史。现代药理研究表明，杜仲中所含 α- 亚麻酸油、桃叶珊瑚苷、绿原酸、京尼平苷（酸）、松脂素二葡萄糖苷、杜仲黄酮(槲皮素)、杜仲叶标准提取物等均具有十分重要的生理(药理)活性。杜仲油在降血脂、降血压、调节血糖等方面具有十分显著的疗效;松脂素二葡萄糖苷为杜仲皮主要降压成分;京尼平苷酸具有预防性功能低下、增强记忆功能、抗癌、抗氧化(抗衰老)、泻下、促进胆汁分泌及降压作用;京尼平苷具有抗肿瘤活性并具有抗补作用;桃叶珊瑚苷对革兰氏阴性菌和阳性菌均有抑制作用具有较强的镇痛、抗菌消炎、抗病毒作用,对修复肝细胞和治疗肝损伤具有良好效果;绿原酸抗菌作用较强,具有利胆、降压、抗菌、消炎、止血、抗氧化及升高白细胞的作用;杜仲黄酮(槲皮素)具有降血压、对恶性肿瘤具有预防及治疗等多种作用,并且无毒副作用。在不断的研究探索中,杜仲的医药保健作用日益显示出巨大的开发潜力。

杜仲叶富含绿原酸、京尼平苷酸、黄酮等活性成分;杜仲雄花氨基酸含量达21.88%、为松花粉的2倍以上,杜仲种仁油 α- 亚麻酸含量高达67.6%,为橄榄油、核桃油、茶油的8~60倍。这些活性成分的各种医用功能在改善血液循环、增强体质、抗衰老、改善睡眠等多方面具有显著功效,将这些活性物质提取,并根据不同的用途,控制其含量,添加到多种食品、饮品中,可生产各种功能保健产品,主要有杜仲茶、杜仲三七茶、杜仲酒、杜仲可乐、人参杜仲茶、速溶杜仲茶等杜仲系列功能茶饮,以及杜仲饼干、杜仲糖、杜仲口香糖、杜仲方便食品等杜仲系列功能食品等。现已证明这些茶饮长期饮用,可以美容、降压、增强记忆、治疗心率不齐和失眠、恢复体能等。另外,杜仲促进人体皮肤、骨骼和肌肉中胶原蛋白合成和分解的功能使其作为添加剂在太空食品的开发中展现出美好前景。目前,我国杜仲叶、籽的标准提取物也陆续进入市场。由杜仲叶提取的绿原酸以及杜仲茶,由杜仲雄花制成的杜仲雄花茶、杜仲雄花红茶,由杜仲籽油为主要成分的杜仲胶囊等产品已批量投放市场并出口国外。杜仲饮料等各种饮品预计将在不久的未来大量投放市场。

我国目前以杜仲为原料的药品已达214种,其中以杜仲为主要原料的药品22种。涉及以杜仲为原料的已注册保健食品21种,其中,【卫食健字】9种,【国食健字】12种,含杜仲茶4种,杜仲酒3种,杜仲胶囊8种,杜仲饮料2种,杜仲口服液2种,杜仲颗粒2种。

可见,杜仲已成为开发现代中药、保健品等优良原料,在医药保健行业具有巨大的开发应用潜能。

随着我国杜仲资源的进一步增加和政府对生物制药产业的进一步重视,杜仲中药市场将会迎来空前的繁荣。杜仲中药的发展潜力和方向表现在以下几个方面:

①降压药物的开发。杜仲所含木质素类成分为杜仲降血压的主要成分,杜仲

降压的机理与其使外周血管扩张和降低高血压病人红细胞中 Zn/Cu 值有关。可以开发具有自主知识产权优良降压药。此外，杜仲对血压具有“双向调节”功能，即高血压患者服后可降压，低血压患者服后可升压。

②开发抗骨质疏松类药品。杜仲可促进胶原蛋白的合成，具有强筋骨作用，可开发成治疗骨质疏松的药品。

③开发天然抗生素类药品。杜仲的开发利用为寻找天然抗生素提供了一条新途径，绿原酸有很强的抗菌作用。桃叶珊瑚苷元及其多聚体有明显的抑菌作用，有望开发成天然的抗菌素；而杜仲叶中绿原酸含量高达 5%，杜仲种仁中桃叶珊瑚苷含量高达 11.3%，是目前桃叶珊瑚苷含量最高的植物，有望开发成天然的抗菌素。

④开发补肾类药品。杜仲具有兴奋垂体—肾上腺皮质系统、增强肾上腺皮质功能的作用，说明杜仲作为助阳补肾药是有科学依据的。因此，可开发补肾、增强机体免疫作用的药品。

⑤开发抗肿瘤类药品。现代药理实验证明，杜仲有抗癌和抑癌之功效，其有效成分与其所含的木脂素、苯丙素及环烯醚萜类化合物有关。日本学者研究了杜仲茶的变异原性抑制作用，发现该作用与绿原酸等抗变异原性成分有关，揭示了杜仲对肿瘤预防的重要意义。

⑥开发利胆、保肝类药品。

⑦开发镇静、安胎类药品。

二、杜仲橡胶及相关产业

杜仲叶、皮、果实和种子中富含一种白色丝状物，是一种具有工业应用价值的杜仲胶，其中落叶含胶 2%~3%，树皮含胶 10%~12%，果实含胶 10%~18%，种子含胶 12%~18%。杜仲是三叶橡胶树产天然橡胶的同分异构体，分子结构式为反式 -1，4- 聚异戊二烯，分子链具有双键、柔顺性和反式结构三大特征，当交联密度较低时为硬质塑料，当交联密度较高时为弹性体材料，具备“橡 - 塑二重性”，是其他任何一种高分子材料所不具备的，可开发出三大类型不同用途的材料：热塑性材料、热弹性材料和橡胶型材料。

用杜仲胶制成的热塑性材料，具有低温可塑、X 射线透视性好、抗撕裂、耐磨等功能，已推广用于假肢套、护具及支具等，使杜仲胶成为新型医用功能材料。用杜仲胶制成的热弹性材料，具有形状记忆功能，可用于异径管连接、管道内外夹层覆盖、填缝、玩具制造等。用杜仲胶制成橡胶型材料，具有储能、减震等功能，主要用于高耐磨低阻力型轮胎的开发，用杜仲橡胶制造的汽车轮胎使用寿命可提高 20%，汽车油耗降低 2.5%，被国际社会誉为“绿色轮胎”。

杜仲胶是具有橡塑二重性的优异的高分子材料，广义上来讲，分为天然杜仲胶与合成杜仲胶两类。两者与产于三叶橡胶树的天然橡胶化学成分相同，但分子结构不同，杜仲胶为反式聚异戊二烯，天然橡胶则为顺式聚异戊二烯。天然反式聚异戊二烯橡胶目前主要包括杜仲橡胶、古塔胶和巴拉塔胶。天然杜仲胶系由杜仲树的籽壳、叶、皮及枝皮中通过物理或化学提取法而制得。古塔胶主要由马来亚半岛、印度尼西亚等热带地区产的山榄科植物的树皮和树叶中的胶乳制得。巴拉塔胶主要由产于圭亚那和委内瑞拉等地的一种山榄科植物的胶乳制得。合成杜仲胶则由石油裂解后所得的 C_5 馏分中的异戊二烯在特定的催化条件下聚合制得。

1982 年，中国科学院化学所研究员严瑞芳在西德进修期间，在世界上首次用新的硫化办法将合成杜仲胶制成弹性体，并在德国申请了专利。严教授在后续的研究中从微观结构和宏观性能的关系上找到了杜仲胶获得高弹性的基本规律，为开发不同环境下使用的新型特种功能材料及以高性能绿色轮胎为代表的工程材料奠定了基础。并将杜仲胶加工成三大类用途不同的材料：热塑性功能塑料，热弹性形状记忆材料及橡胶材料，大大拓展了杜仲胶的用途，使杜仲胶的研究进入“杜仲材料工程学”新阶段。

杜仲胶的独特性能所赋予它的重要战略地位使其在杜仲综合利用产业链中处于核心地位，这将为我国杜仲大产业的可持续发展奠定坚实的市场基础。近年我国在杜仲胶应用开发方面的研究已经逐步活跃起来。国内外杜仲胶的产品应用已覆盖到多个领域。作为低温热可塑材料，应用范围包括高尔夫球、医用代石膏骨科外固定及矫形用杜仲胶夹板、运动员护支具、假肢支撑腔（假肢套）、牙齿填料、运动员护齿等。作为热弹性形状记忆材料，由于其独特的形状记忆功能，可用于实验室玻璃仪器接管、真空油泵、真空水泵密封接管等。由于其优异的耐磨性和抗撕裂强度，与聚丁二烯橡胶等合成橡胶共混制成综合性能优异的轮胎用集成材料用于制备高性能轮胎。其他应用包括海底电缆、飞机遥测遥感雷达天线透雷达波用密封薄膜、塑料改性、沥青改性、高拉伸疲劳帘子布胶改性、气密性橡胶组合物、减震降噪集成材料以及其他特殊环境下使用的新型功能材料等。

天然杜仲胶提胶工艺目前已由过去的污染严重且提胶效率较低的碱处理发酵工艺发展为发酵法和有机溶剂提取相结合的高效提胶方法。通过综合利用的提胶方法，可以大幅度降低杜仲胶生产成本，并产生较高的综合利用效益。

目前我国已有三家天然杜仲胶生产企业，分别是灵宝市天地科技生态有限责任公司、略阳嘉木杜仲产业有限公司和陕西安康禾烨公司。灵宝市天地科技生态有限责任公司自 1993 年以来利用荒山、荒坡陆续开发种植了约 3 万亩杜仲林，并在中国林科院的指导下逐步改造为优质果园式杜仲种植基地。该公司2007年与西北农林科技大学、日本大阪大学、日本日立造船公司合作，建立了杜仲胶试验装置，年产杜仲胶5吨左右。略阳嘉木杜仲产业有限公司和安康市禾烨生物工程有限公司也在21世纪初建成了杜仲胶提取装置，由于目前杜仲胶市场开发还处于待开发阶段，后两家企业杜仲胶仅偶有间断性少量生产。

近几年，几家企业的杜仲胶装置又相继建成，如湘西老爹生物有限公司、湖北老龙洞杜仲开发公司、河南恒瑞源实业有限公司、甘肃润霖杜仲开发公司等，这些企业的投产使得我国又有三套百吨级杜仲胶生产装置投产，全年杜仲胶产量将达100吨左右。合成杜仲胶500吨/年合成杜仲胶工业试验装置2006年在青岛建成。从2011年开始，青岛第派新材有限公司开始建设15 000吨合成杜仲胶工业化装置。

杜仲胶资源的战略价值，已引起国际社会的高度关注。世界最大的轮胎企业美国固特异轮胎橡胶公司准备从我国大量进口杜仲橡胶用于改善产品性能，提高市场份额和竞争力；日本经济产业省新能源产业部已瞄准我国杜仲橡胶资源，已经在杜仲胶提取及应用等方面进行了研究，并在河南灵宝和陕西杨凌等地建立了杜仲实验基地和杜仲橡胶生产基地。

我国是天然橡胶消耗大国，2010年表观消耗量为336万吨，占全球天然橡胶消耗量的三分之一以上。但由于受地理环境限制，国内产量受限，进口依存度高达80%以上，已经严重影响和制约我国橡胶工业的平稳、安全发展。各种自然灾害及病虫害的发生随时会给全球天然橡胶的产量产生重大影响。尽快寻求天然橡胶的替代产品已成为橡胶界的当务之急。天然橡胶产业关联度大，我国如不及早采取强有力措施挖掘替代资源，将使我国的汽车业（轮胎、汽车部件等）、相关工业（力车胎、黏合剂、输送带、胶管等）、消费类产业（胶鞋、玩具、坐垫等）、建筑业（电线、电缆、减振材料、装饰材料、密封剂等）和医疗业等受到极大冲击，在经济建设和社会发展中处于受制于人的被动局面。

杜仲胶用于高耐磨性轮胎胶料可以改善轮胎的滚动阻力和耐磨耗性能、延长使用寿命，并实现节油2.5%左右。试验表明，每吨杜仲胶用于轮胎可节油70吨，减少二氧化碳排放200吨。通过配方和工艺的优化可以进一步使轮胎节油3%。杜仲胶在轮胎中的普遍应用，将为中国轮胎从低端产品走向高档产品，由轮胎大国走向轮胎强国带来一场绿色革命。

杜仲胶同时又是合成橡胶和塑料的优良改性材料，在我国蕴藏着巨大的潜在市场。杜仲胶与塑料共混改性可以制造高性能塑料合金，广泛用于汽车部件、体育运动器材等。我国目前汽车部件用改性塑料耗量接近150万吨，大部分依赖进口。高档车用改性塑料合金几乎全部进口。预计2015年我国汽车部件用改性塑料将超过200万吨。国内采用合成杜仲胶改性聚丙烯制造汽车部件方面已经取得可喜的实验结果。

鉴于石油资源有限，世界各国都在加大对生物橡胶的开发和应用的研究工作，轮胎巨头普利司通、库珀轮胎等轮胎企业都已宣布开展轮胎用银菊胶的研发工作。杜仲作为我国独有的生物橡胶资源，尽快组织实施对杜仲胶的开发和应用对于保障我国橡胶工业及相关工业的可持续发展具有重要的战略意义。

三、绿色养殖业

杜仲叶是一种重要的畜禽功能饲料资源。杜仲叶内含有粗脂肪、粗蛋白、维生素及氨基酸等各种营养物质以及桃叶珊瑚苷、绿原酸、黄酮类及京尼平苷酸等活性物质，这些活性物质具有增强免疫力、抗氧化、消炎等作用，且无毒副作用。以杜仲叶为原料生产的杜仲功能饲料已逐步应用到家畜家禽及鱼类的饲养中，在提高畜禽及鱼类免疫力、减少抗生素应用、提肉蛋品质等方面作用突出。杜仲叶饲料喂养动物能够明显改善畜禽和水产品的肉质和风味，增加体内胶原蛋白含量。2003年起我国部分地区开始生产和推广用杜仲作为添加剂的猪用饲料，经喂养实验，获得成功。江西银河杜仲开发公司从2003年开始用杜仲饲料喂养生猪，很少或基本不用抗生素，从未发生生猪中毒、畸形等症状，而且长势良好。杜仲猪肉不仅各项指标均达到或优于绿色食品标准，而且，与普通猪肉相比较，其17种氨基酸含量高出10%以上，而肌内脂肪、胆固醇、油酸、亚油酸等指标则明显低于普通猪肉，杜仲生猪的瘦肉率比普通生猪要高出10%以上。据研究，用杜仲作添加剂养鸡不仅显著增强其免疫力、延长寿命，还可提高产蛋率10%以上。因此，杜仲饲料添加剂是最有希望代替抗生素类饲料添加剂的无污染、无残留、多功能的新型饲料添加剂之一。对它的开发利用符合当今世界各国强化饲料安全的要求，是广大饲养户提高产品品质及市场竞争力、开发高档食品的有效途径。

近年来我国肉蛋等动物食品安全形势严峻，而杜仲作为天然的功能饲料对提高动物食品质量效果显著，因此，杜仲饲料将是杜仲未来最重要的利用途径之一。

四、生态建设

杜仲是我国乡土树种，树干端直，枝叶茂密，树形美观，季相景观变化明显，基本无病虫害，是理想的城乡绿化树种。杜仲的根系发达，固土力强，耐干旱瘠薄，具有良好的防风固土效果，在一些丘陵、山区等地成片栽植杜仲，可用于流域治理、水土保持、荒山和通道的绿化，又可以获得巨大的经济效益。杜仲作为生态民生林业建设的主力树种，在我国生态建设和城镇化建设中具有较好的应用前景。河南的灵宝、开封、洛阳以及山东青岛、陕西略阳等地街道绿化开始采用杜仲。清华大学、北京林业大学校园以及北京市区的万泉河路种植杜仲作为行道树，表现良好。

大规模发展杜仲种植，可以快速推进我国国土绿化的进程，提高我国的森林覆被率。杜仲产业又是典型的"碳增汇"产业。杜仲树生长快，对环境条件要求低，适应面广，易于利用荒山荒地种植，亦可作为城市景观林树种。大量种植杜仲林既具有良好的生态环境绿化美化功能，又具有良好的碳汇功能。杜仲树不仅是理想的庭院观赏树种和城市绿化树种，还是山区优良的水土保持树种，是绿色氧吧。具有良好的生态改良作用。

2016 年我国杜仲企业出口家数为 147 家，其中，民营企业 127 家，出口额 1 492.14 万美元，同比增长 333.74%，占比为 95.76%；国有企业 8 家，出口额 6.32 万美元，占比为 0.41%；三资企业 11 家，出口额 59.75 万美元，同比增加 15.11%，占比为 3.83%。2016 年我国杜仲主要出口企业为昆明巧法商贸有限公司、达州鸣远商贸有限公司、江西鸿安欣贸易有限公司、连州市连盛贸易有限公司和上饶市韵晨贸易有限公司等公司。

总之，作为一个庞大的工农业复合体系的系统工程，杜仲产业将会提供巨大的劳动力就业空间，主要分布在以下领域：

①杜仲资源的培育，包括杜仲种苗培育、杜仲种植、抚育管理以及籽、叶、皮的采摘、收集处理和运输等；

②杜仲胶工业化生产及研发；

③杜仲胶在高性能轮胎、力车胎、输送带及胶鞋等领域的研发及应用；

④杜仲胶在其他各应用领域产品链的产品开发、生产及市场营销；如牙科及骨科材料的研发、生产及销售，各种特殊橡胶制品的开发、生产及销售等；

⑤杜仲医药、保健品及食品的产品开发、生产及销售；

⑥杜仲饲料添加剂加工、畜禽养殖及产品销售等；

⑦杜仲木材加工及产品销售；

⑧杜仲生态及文化旅游产业；

⑨杜仲林下经济所获其他生物资源的开发和销售；

⑩杜仲资源及产品物流业及进出口贸易领域。

第二节　杜仲产业的相关政策

长期以来，为加快发展杜仲产业，使其充分发挥实用药用价值，更好地维护国家生态安全，保障国家以及粮油安全，党中央和国务院、国家发改委、财政部、国家林业局等部委一直高度重视国家储备林和杜仲橡胶工业及相关产业发展，多次下发文件和发布相关规划，加强国家储备林建设，启动天然橡胶生产能力建设规划，从而推动现代杜仲产业的健康发展。相关政策见表 3-1。

表 3-1　杜仲产业相关政策

年份	相关政策及内容
2011	《战略性新兴产业重点产品和服务指导目录》《当前优先发展的高技术产业化重点领域指南》“鼓励杜仲种植生产”“新型天然橡胶的开发与应用”“杜仲橡胶生产技术及装备”等
2013	国家林业局连续 5 个五年计划支持杜仲育种、高效栽培与产品研发等重大课题立项，批准成立了“国家林业局杜仲工程技术研究中心”
2014	杜仲培育纳入《全国经济林发展布局规划》，并在林业财政补贴、产业政策等方面予以支持
2015	中国社科院将杜仲研究列入国情调研重大项目，并与中国林科院合作出版发布《杜仲产业绿皮书》

杜仲是我国十分重要的国家战略资源，在杜仲产业升级过程中存在一些瓶颈问题。现有资源因无法满足杜仲橡胶产业化开发成为首要的限制因素，在技术层面上，培育技术仍有创新空间，而杜仲橡胶绿色提取工艺及橡胶产品研发亟待突破。在企业人才与管理方面，目前参与杜仲橡胶资源培育及其产业开发的企业，在企业规模、人才储备、产品研发、管理水平等诸多方面，与现代化企业的要求和标准都还有相当大的差距；在国家政策和行业管理等方面遇到政策滞后、行业协调困难等瓶颈问题。国家林业局杜仲工程技术研究中心的成立、国情调研、橡胶协会以及《杜仲产业绿皮书》的发布都对杜仲产业发展起到了良好的推动作用。

第三节　杜仲产业的全国发展规划

2016 年 12 月 20 日，由国家林业局发布实施的《全国杜仲产业发展规划

(2016~2030年)》(以下简称《规划》)是从国家层面就单一树种编制发布的规划。《规划》从杜仲资源培育基地建设、杜仲加工产业体系建设、杜仲产业示范引导工程建设、杜仲科技支撑体系建设、杜仲市场流通体系建设五个方面,科学谋划了28个工程和项目作为重点建设任务。

《规划》分为近期、中期、远期3个阶段目标。

近期目标为,2016~2020年间,杜仲资源种植实现500万亩,建立良种繁育圃56个、共1.2万亩,新建和改造良种繁育基地120个、共3万亩;培育龙头企业5个,培育杜仲优秀品牌5个;杜仲橡胶生产实现12万吨;建立1个国家级杜仲产业研究中心和5个省级杜仲技术推广服务中心;杜仲新技术研发和新产品的生产关键技术和装备实现初步突破;初步建立智慧化统一技术标准、统一的税务财务报账票据及统一的管理服务规范。

中期目标为,2020~2025年间,杜仲资源种植实现1 000万亩;培育龙头企业10个,培育杜仲优秀品牌10个;杜仲橡胶生产实现60万吨;杜仲栽培与采摘初步实现机械化;建立全国性杜仲产业信息化系统;杜仲新技术研发和新产品生产达到国内一流水平,实现杜仲产业链升级关键技术和装备的国内领先;基本建立智慧型杜仲产业互动化、一体化、主动化的运行模式。

远期目标为,2025~2030年间,杜仲资源种植实现3 500万亩,其中国家储备林杜仲林基地200万亩。培育龙头企业15个、杜仲优秀品牌20个,杜仲橡胶生产实现120万吨,杜仲栽培与采摘实现机械化,杜仲新技术研发和新产品生产达到国际一流水平,实现杜仲全产业链技术和装备水平国际领先。实现智慧型杜仲产业互动化、一体化、主动化的运行模式,基本达到杜仲种植与采摘、产品原料来源追溯、生产过程、质量检验、品牌标识标注、销售及售后服务等过程以及杜仲资源管理、生态系统良性发展等协同化绿色产业发展态势,实现生态、经济、社会综合效益最大化。

《规划》确定,全国适宜杜仲发展的为北京、天津等27个省(区、市)的377个县(区、市)。国家鼓励发展非公有制杜仲橡胶资源林基地,共同投资发展杜仲产业。同时,简化杜仲橡胶及应用开发等加工企业项目审批、市场准入审批程序,加快杜仲新资源食品饮品和药食同源食品饮品认定。

《规划》要求,各级林业部门要加强杜仲产业发展组织协调,促进杜仲产业健康发展。杜仲产区的各级政府要把杜仲产业纳入当地经济社会发展的全局进行统筹,予以鼓励和支持。各地要积极支持各大科研院所、社会团体、企事业单位与推广机构的合作,形成推进杜仲产业发展的协作机制。

第四章　杜仲的繁殖育苗技术

杜仲的繁殖育苗方法很多，常见的有播种育苗法、扦插法、根育法、嫁接法等。其中以播种育苗效果最好，播种育苗可以大量的生产种苗，还可以保持物种的稳定性，在生产中应用最为广泛。但对于杜仲种质资源缺乏的地区来说，扦插、压条、留根育苗等无性繁殖方法也是一条短时间可以快速获得大量优质种苗的捷径。

第一节　苗圃地的选择

杜仲系喜光性树种，幼苗期易受病害感染。育苗地宜选在地势向阳，排灌方便，土质肥沃、疏松，土壤以微酸性至中性或微碱性的壤土均可。耕地前施入有机肥和磷肥。进行土壤消毒，然后作高床育苗。在气候干燥的地方可作低床。

圃地应选择地势平坦，背风向阳，排水良好，土壤疏松肥沃，有机质含量丰富，pH 值 6.0~7.5 的壤土或沙壤土，且无育苗史的地块。冬季在土壤冻前深耕 40~50 厘米。播种或扦插前半个月进行细致整地，施足基肥，每亩施饼肥 150 千克，厩肥 1 500 千克，同时撒入 10~20 千克硫酸亚铁进行消毒，将土地整平耙细。

第二节　种子育苗

一、采种

采种母树应选择生长发育健壮、树皮光滑、无病虫害和未剥皮利用的 20 年生以上的壮年树。贵州遵义杜仲林场，按照上述标准，从已普遍开始结实能辨认雌雄株的 9 年生人工林中，专选雌株，并配备一定数量的雄株，移出林外，培养成母树林，效果良好。其具体作法是：选定的母树挖取后，截去树冠，保留干高 3 米，按 4 米 ×6 米株行距，定植在林分附近空旷地，使其重新萌发新条，留养 5~7 个分枝构成自然开心形树冠，以扩大结实面。加强管理，移后 2~3 年，母树林即普遍开花结实，产种量逐年提高。移植后第 10 年，单株产籽量平均有 2.7 千克，每亩达 73 千克。

杜仲种子成熟的特征是，果皮呈栗褐色、棕褐色或黄褐色，有光泽，种粒饱满，胚乳白色，子叶扁圆筒形，米黄色。采种时，要等种子完全成熟后进行（一般是霜降以后，树叶大部分落光）。选择无风或小风的晴天，用竹竿轻敲或用手摇动树枝，使其脱落。同时，在顺风方向离母树一定距离的地面，铺上布幕，以便承接落下的种子。

种子采集后，应放在通风阴凉处阴干，忌用火烘和烈日曝晒干燥。干燥种子的标准湿度是10%~14%。经过净种，即可贮藏。种子千粒重因产地不同，相差很大，变动于50~130克之间，每公斤种子在7 000-20 000粒之间。种子发芽率，经过催芽处理的可达80%以上，未经催芽处理的在60%以下。

二、种子处理

（1）沙藏处理

杜仲种子属于浅休眠类型，要经过低温沙藏处理才能打破休眠。一般种子经过30~60天的低温（8~10 ℃）处理，发芽率可达到90%以上，出苗整齐，成苗率高。在南方天气比较暖和的地区，适宜冬播，随采随播，在地里通过自然低温即可出苗。北方冬季寒冷干旱，不适宜种子过冬，常采用春播，需在春播前进行沙藏处理。

沙藏可选择室内沙藏或室外沙藏。室内沙藏时，在播种前30~40天，将种子与湿沙按1∶10的比例混合，沙子的湿度以手握可成团，松开即散为度。拌匀后，铺于室内阴凉通风处，厚度为30厘米左右，上盖稻草或无纺布，定期喷水，保持种、沙湿润，室内温度保持在6 ℃以上。待种子有40%顶端缺口处破嘴露白，即胚根开始露出时，即可播种。

室外沙藏时，在室外选择背风向阳、地势高、透气性好、不积水的地段，挖深60厘米、直径80厘米的贮藏坑。先在坑底铺一层10厘米的粗沙，然后一层种子一层沙子交错层积，每层种子厚1厘米，沙子厚3厘米，沙子湿度以手握可成团、松开即散为度。或将种子与湿沙按1∶3混合，置于坑中粗沙上，周围插草把以通气。最后用一层15厘米厚粗沙封顶，上盖稻草，封土培堆。播种时用筛子筛出种子，即可播种。

春播用种，最适宜用湿沙贮藏。其方法是，在计划播种期前30~50天，以一份种子十份湿沙混合，沙的湿度以手握不流水为度，铺于阴凉通风的室内地面（不用水泥地），厚度30~40厘米，经常保持种沙湿润，室温5~6 ℃，每隔10~15天检查翻动一次，防止因过分潮湿或干燥而使种子霉变或失水。一般一个月左右种粒即可充分吸水膨胀，待翅果顶端缺口稍露白尖，即胚根开始伸长时，播入圃地，采用这样低温湿藏催芽方法，大面积育苗，场圃平均发芽率高达80%，较采用干藏方法于播前进行温水（40 ℃）或冷水浸种催芽，发芽率提高15%~25%，且出土整齐一致，成苗率高。湿沙贮藏时间，应根据各地气候情况与播种期密切配合，过早过迟均不利于发芽成苗。

（2）温汤浸种处理

如时间紧迫，来不及进行湿沙层积处理，可用温汤浸种方法来处理种子，以解除种子休眠，促进发芽。可把干藏的杜仲种子置于 50~60 ℃热水中浸泡，边倒边搅拌，水凉后再换成 20~30 ℃的温水浸种，每天换水 1~2 次，浸泡 2~3 天，待种子膨胀后取出，稍晾干至种子可以自然散开时即可播种。温汤浸种处理种子发芽率较低，仅有 50% 左右。

（3）植物激素处理

赤霉素和萘乙酸有打破种子休眠，促进发芽的作用。在播种前，可将干藏的杜仲种子用 20~30℃温水浸泡 1 天后捞出，置于 0.02% 的赤霉素中浸泡 24 小时，或置于 0.02% 萘乙酸中浸泡 6 小时，捞出后用清水冲洗，晾干表面水分至种子自然散开时即可播种。

三、播种

杜仲种子育苗主要采用 3 种方式，即圃畦播种育苗和温床播种（芽苗移植）以及容器苗培育。

（1）圃畦播种育苗

适用于温暖气候地区。圃地应选择土壤疏松、肥沃、湿润、排水良好的微酸性到中性的土地，冬前深翻，冬后浅犁，结合施基肥，而后作畦进行土壤消毒。

杜仲播种时期秋、冬、春均可。秋播采集新鲜未干的种子进行播种，即将新鲜未干、饱满充实的种子用清水浸泡 48 小时后，捞出与沙混合堆放于室内，保持湿润，干燥时喷水保湿，待种子有 60% 以上露白时进行播种。冬播一般在 11~12 月份。春播北方地区露地播种一般于 3 月中、下旬进行。大量育苗以春播为好。

经过低温湿沙贮藏催芽的种子，一般在 2~3 月中旬日均温已稳定在 10 ℃以上时，即可播入圃地。干藏的种子，除播种前应进行浸种 3~5 天外，播种时期不同，种子发芽率及苗木高生长也各不同。1~4 月每月播种一次，种子发芽率和苗木高生长分别为 61%，78 厘米；44%，76.5 厘米；24%，68.2 厘米；11%，19.6 厘米，由此看出，播种越早，场圃发芽率越高，苗木生长越好。早春播种，发芽率较高原因是种子经过了一段低温处理。因此，未经低温湿沙贮藏的种子，在气候温暖地区，适宜播种期应在 1~2 月，最迟不能超过 3 月中旬。

播种方法采用宽幅条播，沟深 3~4 厘米，行距 20~25 厘米，每沟均匀播种 60~80 粒。根据种子千粒重、纯度和生活力具体情况，每亩播种量在 5~10 千克之间，播后覆土 1~2 厘米。湿沙催芽的种子，播后 15 天左右即可出土，浸种催芽的干藏种子则需25~30天。

种子发芽期间，圃地管理除覆盖外，应在春旱时期进行圃畦灌溉，特别是经过湿沙贮藏催芽的种子，发芽过程已经开始，应经常保持圃畦湿润。畦上顺播种沟方向平铺稻草茅草保温保湿，利于种子萌发，覆草不必过厚，以免揭除草盖时带出幼苗。在北方春季干旱地区，播种后也可覆盖地膜，有条件的地区可在地膜上搭设高40~50厘米的塑料拱棚。

按照上述技术环节培育苗木，一般每亩可以生产高80厘米、地径1厘米以上的壮苗约2万株，供出圃造林。湖南杜仲产区慈利县有冬播育苗的经验，其整地、施基肥与作畦均与春播相同，不同点是，种子采集处理后，不经贮藏催芽工序，直接播于圃地，经40多天，种子即开始萌动，50多天，种芽就全部出土，此后苗木抚育管理基本同春播育苗。

（2）温床播种（芽苗移植）

适用于气候比较寒冷的地区。温床选排水良好、便于管理的土地，挖深0.3米、宽1米、长10米（根据地形，长度不拘）的长方形土坑，原土全部取出，表、底土分放，床底略有倾斜，便于排水。而后铺垫一层10厘米以上厚度的新鲜马粪，上面覆盖拌匀的煤灰、火土灰、过磷酸钙和表土。播前需要浸种3天，并充分浇灌底水。播后用塑料薄膜覆盖，封闭温床，增温催芽。一般温床土温可较床外土温提高2~4 ℃，播种后10~15天即可发芽出土，待2~3天子叶展开，真叶初露时，即成从掘起芽苗，在预先作好的移植圃畦上，按行距20厘米、株距10厘米以木棍扎孔，每孔植芽苗1株。床土干燥，移后浇水1~2次，成活率在95%以上。苗基本出齐后长出真叶前移栽为佳，此时幼苗根部基本没有须根。在阴天或傍晚用硬竹片轻轻挑出，尽量多带根部泥土，随挑随栽，栽后浇水，10天后可施一次1%左右尿素溶液。这种育苗方法的优点是，能提早播种期约一个月，缩短种子发芽期，节约用种，省去间苗工序，保证每株苗木有适当的营养面积，便于集约经营管理。根据贵州地区1973年试验，每亩可生产高1米、地径1.5厘米的壮苗约2万株。

（3）容器苗培育

将农家肥、草炭土和壤土按照1∶1∶2混合作为种植土，装入规格10厘米×12厘米可降解的无纺布育苗袋中，将露白的种子播种在种植土中。将育苗袋紧密摆放于圃地内，待幼苗出现2~4片真叶时，移栽至大田中。容器育苗可以节约用种量，缩短育苗周期，提高成活率。移栽时带原土团，不伤根，可以提高成活率和生长量。

（4）穴盘育苗

穴盘育苗采用32孔林木育苗聚苯乙烯穴盘（54厘米×28厘米×11厘米），每孔播一粒种子。穴盘育苗中，泥炭：木屑：蛭石的最佳基质配比为3∶3∶4。

播种前30~45天，用湿沙沙藏种子。将种子与湿沙1∶3的比例混匀，堆放成宽50厘米、长100厘米、高15厘米的沙堆。之后，两天翻动一次，且保持沙堆的湿度，种子部分露白即播种。将刚露白的杜仲种子种于不同基质配比的穴盘中。出苗后，正常管理。

四、播种后管理

种芽出土以后，幼苗进入生长初期。此时苗木嫩弱，地上部分生长缓慢，除应进行松土草外，特别注意立枯病和地下害虫防治。

（1）病虫害和鼠害防治

幼苗易感染立枯病，每周定期喷波尔多液一次，防止病害发生。老鼠咬吃杜仲籽极为严重，当有鼠害时，应及时投药诱杀老鼠。

①立枯病。在4~6月多雨高湿季节发生，刚出土幼苗近地面径基部变褐腐烂，收缩干枯。其防治方法为，每亩用70%五氯硝基苯粉剂1千克或硫酸亚铁粉剂20千克撒于畦面，翻入土中，进行苗床消毒；发病初期浇灌40%甲醛100倍液；降低田间湿度；发现病株及时拔除；病穴灌40%甲醛1000倍液。

②根腐病。常于6~8月发生，使幼苗根部皮层及侧根变褐腐烂。防治办法同立枯病。

③叶枯病。初期叶片上出现黑褐色斑点，然后不断扩大，病斑边缘褐色，中间灰白色，严重时枯死。其防治方法为，发病初期每7~10天喷1次100倍等量式波尔多液，连喷2~3次；及时清理病枝残叶，集中烧毁。

④地老虎。危害幼苗，可用90%敌百虫1 000倍液拌毒饵或堆草诱杀。

（2）揭除覆草或薄膜

苗齐后，在阴天分2~3次揭除覆草，不要一次去完，以免灼伤幼苗。覆盖地膜的苗圃，应根据幼苗出土情况，及时破膜，拱棚温度应低于35℃，否则要打开拱棚两端通风，以防止灼伤幼苗。

（3）浇水与施肥

当幼苗出现2~4片真叶时，即可施用第一次追肥，每亩用尿素1~1.5千克，兑水200千克，施于沟间。6~8月为苗木速生期，每月最高生长可达20厘米以上，此时应加强中耕、除草和灌溉。每月应施用追肥一次，每次用尿素2千克，兑水施于播沟间。其中8月施肥应在中旬以前进行，防止生长后期徒长，遭受冻害。

浇水视情况而定，过度的干旱和水涝，都会引起苗期的生长抑制，甚至死亡。需要浇水时，要在上午十点前或下午四点后进行浇水，浇必浇透。苗圃的排水沟要保持通畅，雨季要及时排水，防止发生涝害。

（4）中耕除草

当幼苗出现 2~4 片真叶时，进行第一次松土除草，除草后追肥，每月松土除草一次。

（5）间苗

速生期开始，即应进行间苗工作，根据去弱留壮，去密留稀原则，每播种沟定苗 25~30 株。幼苗株距保持 8~10 厘米左右，出苗过密的幼苗，应间出，另行移栽。

（6）修剪

通常在 7 月中旬对幼树进行修剪整枝，把病虫枝、枯死枝、徒长枝、歪枝、侧枝剪去，以促进幼树主干正常生长。

此外，9 月，苗木生长进入后期，此时，主要注意预防早霜为害苗梢。

第三节 扦插、压条、根蘖、留根、插根、嫁接育苗

一、扦插育苗

杜仲枝条扦插育苗成活率比较低，生根困难，但如果方法得当，成活率也可大大提高。

（1）嫩枝扦插

在 5~7 月间，尽量选择阴天的早晨，剪取当年生健壮嫩枝，剪成 8~10 厘米长，每个插穗应带 3~4 节，上剪口距芽 1~1.5 厘米处剪平，下剪口在侧芽基部或节处平剪，剪口离节处 2~3 毫米，每条插穗 3~4 片叶，为了减少水分蒸发利于成活，插穗上叶片剪去一半。用 50 ppm 萘乙酸或吲哚乙酸浸泡 1~2 小时，按株行距 10 厘米 ×10 厘米斜插入苗床内 2~3 厘米深，用手指压紧插条周围土壤，使插条底部与土壤紧密接触，浇透水，覆盖塑料膜，以后要定期浇水保湿，但不能积水，以防止插条腐烂。在高温天气时要搭棚遮阴，在土温 20~25 ℃下，经过 20~30 天即可生根，插条成活率可达 80% 以上。生根后常规养护，次年春天即可移栽。

（2）硬枝扦插

硬枝扦插是杜仲落叶后剪取硬枝进行扦插育苗的方法，落叶后选成熟、节间短而粗的一年生枝条做插穗（插穗的剪取同嫩枝扦插）。剪取的插穗粗细分级，每 50~100 根一捆，存放于低温环境中储存。常用湿沙层积处理法，即挖 40~50 厘米

深的坑，坑底铺10厘米的湿沙，上面并排放插穗，插穗上再放10厘米的湿沙，上面并排放插穗，如此多层，坑的最上面覆盖20厘米的土，踏实。从11月份储存到来年3月份，取出插穗即可扦插。

二、压条育苗

春季3~5月间，选强壮枝条压入土中，埋深15~20厘米，用石块或砖头压住，使其腋芽生根萌条。一般15天左右枝条上会萌发新条，当萌条生长至7~10厘米高时，压土培实。经30天左右，萌条基部会发生新根，萌条高50厘米时，可剪断移栽。

三、根蘖育苗

杜仲的根具有很强的萌蘖能力，萌蘖能力的大小与树龄和立地条件有关，一般树龄在15~40年间根蘖能力较强。

在3~4月或入秋后，扒开土层，选取手指粗细的根，用刀割破根皮，或者在树干基部用铁镐辐射状松土，深度10~20厘米，使树木根系受到轻微创伤，刺激生根。随后浇透水一次。在春天就可以在树干基部周围生出很多根蘖苗。5月中下旬对这些根蘖苗按照去劣留优、去密留稀的原则进行疏苗，以保证苗木有足够的生长和营养空间。秋末或次年春天发芽之前，将根蘖苗刨出，移栽种植。母株根部重新覆土，施肥浇水，第二年仍可长出很多根蘖苗，但不可连续几年用同一母株繁育根蘖苗，过多损伤母株根系会影响其生长发育。

四、留根育苗

苗木出圃或移栽时保留部分根系，将残根头部覆土去除少量，露出1~2厘米残根，再用地膜覆盖，春季每个残根会长出数个萌条，当萌条长至5厘米高时去除地膜，长至50厘米高时可进行移栽。此方法操作简单，投资少，出苗量多。

五、插根育苗

杜仲根萌芽力很强，也可进行插根繁殖。方法是，结合起苗，将苗木上生长过多的侧根剪下，根粗0.8~2厘米，剪成10~12厘米长的根插穗，进行扦插。扦插时分级进行，插后封成高15~20厘米的土垄，经常保持湿润，促进插根萌芽生根。插根萌芽成活后，及时除萌，加强管理，培育壮苗。

六、嫁接育苗

杜仲嫁接育苗不仅可以保持母树的优良性状，提高皮、叶、果的产量，还可以显著提高低产林地的产量和质量，是实现杜仲栽培良种化的重要途径。

（1）砧木选择

母株应选择树皮厚而光滑、树叶深绿肥厚、叶面积大、节间短、长势强健、抗性强、无病虫害的植株。

（2）接穗（芽）选择

接穗（芽）必须从良种植株上采集。依照所营造杜仲丰产林的经营目的的不同，选择相对应的不同良种，如营造良种种子丰产园，可从已经开始结果的植株上采集接穗，有利于提前结果。一般应采取幼龄或壮龄树冠外围生长健壮、芽体饱满、无病虫害的直立一年生枝条作为接穗。

（3）接穗（芽）采集

接穗的采集应在早晨或傍晚进行，通常避开炎热的中午，防止接条采下后大量失水。如在春季嫁接，可在早春芽片萌动前15~20天采集接穗，每50条捆成1捆，系好标签和品种名称，用塑料薄膜密封好置于2~5 ℃冷藏，或者放入贮藏坑，用湿沙盖好，上覆稻草或塑料薄膜保湿。如在夏秋季进行嫁接，最好随采随接，采下后剪掉叶片，用湿布包好，或将接穗基部浸入清水中，置于阴凉处，以防止失水。

需要外运时，少量接穗可用湿布包裹，再用塑料薄膜包裹，置于泡沫箱内，泡沫箱内放入冰袋，箱内温度保持在2~10 ℃。大量接穗可100~200枝一捆，系好标签，包上塑料薄膜，用冷藏车运输。到达嫁接地后，放入2~5 ℃冷库贮藏。冬季接穗可冷藏1~2个月，夏秋季贮藏时间不超过15天。冷藏的接穗随接随取，从冷库取出到嫁接时间不要超过6小时，期间应注意接穗保湿。

（4）嫁接时间

杜仲一般在2月下旬至4月上旬，树液开始流动至萌芽前后进行枝接，在7~9月间进行芽接。

嫁接时间因各地气候条件的差异而不同，一般春季嫁接在芽开始萌动前即可进行，宁夏地区在3月10日至4月30日。夏季嫁接要根据砧木生长和接穗成熟情况而定，一般在五月中上旬当年生枝条达到半木质化程度，砧木地径达到0.6厘米（地上5厘米）以上时即可进行。秋季嫁接选在树木第二生长季之前，宁夏地区通常在8月中上旬。

（5）嫁接方法

目前生产上常用的嫁接方法为带木质部嵌芽接、T字型芽接、切接、劈接、插皮接等。最常采用的方法是带木质部芽接。接芽长2~4厘米，芽上2厘米左右，芽下1厘米左右。砧木嫁接高度距地面10~15厘米。接穗和砧木形成层对齐，用厚度0.03毫米左右的塑料薄膜进行包扎。春夏季嫁接，接芽裸露，秋季嫁接，接芽不露。

劈接、切接等枝接方法适合树木的高接，在小树主干或大树侧枝上均可进行。将砧木从嫁接部位截断，留下的砧木从顶至下有10厘米左右无节疤，表面光滑，纹理通直，否则劈缝不直。用劈刀从砧木中心纵劈一刀，深3~5厘米。接穗剪成

5~10 厘米，带 2~3 个牙，基部削成有两个对称削面的楔形，长度比砧木劈口长度短些。将接穗插入砧木中，使接穗和砧木形成层紧密接触，外面用塑料薄膜进行包扎。如果接穗比较幼嫩，可以用塑料袋套住接穗和接口，下端绑紧，防止失水，待接穗成活，抽生新梢后再去掉。

（6）嫁接后管理

接穗成活后要及时剪去砧木和抹除其他萌芽。一般在接后 7 天接穗芽片上方 2 厘米处剪砧，接后 7~10 天接芽开始萌动，接芽萌发生长后及时抹除砧木上的其他萌芽。这样可以促进接穗芽的生长，有利于嫁接苗正常生长发育。有时部分接穗出现芽片成活而主芽脱落的情况，这时只要加强抹芽，芽片上其他副芽能够萌发 1~2 个芽，不影响嫁接效果。

解绑要根据接穗生长情况，逐渐或全部解绑。当接穗腋芽长出后，即可将原密封包扎的薄膜解开，当萌条长度达到 15 厘米时，可将扎紧的绑带割断，使其正常生长。

（7）华仲 1~5 号嫁接繁殖技术

华仲 1~5 号 5 个杜仲优良无性系由河南省洛阳林科所选育成功，1995 年 6 月通过技术鉴定，目前上述 5 个优良无性系已开始在全国各产区推广，嫁接繁殖技术如下。

①带木质嵌芽接

较为普遍的一种嫁接方法，春、夏、秋季均可进行。嫁接时，先在接穗上削取一盾形芽片，厚约 2~3 毫米，再在砧木上削取同样大小的盾片，砧木切削位置在地上 5 厘米左右，选择砧木光滑一面切削，然后将接穗插在削掉的砧木盾片处。芽片削取要大，芽片长 3 厘米左右，其中芽下 1 厘米，芽上 2 厘米。砧木和接穗形成层要对好，然后用保湿性能好的塑料条进行包扎，接芽可露可不露，带木质嵌芽接嫁接成活率可达 95% 以上。

②带木质芽片贴接

春季和夏秋季均可嫁接，适合在较大砧木上应用。该方法愈合速度快，愈合好，成活率高，可达 92% 以上。具体操作方法为，首先，削接芽先在接芽下 1.5 厘米处自下向上，紧贴皮层，由浅到深，略带木质，推刀到芽基上端 1.5 厘米处；削下的芽片呈梭形，推削时宜先轻、中重、后轻，即芽片两端轻，芽基部位用刀重，带上芽眼，芽基处厚度约 1.5 毫米。其次，在砧木嫁接部位光滑面也从下向上削去一片砧皮，形状、大小和梭形芽片相当，削面要光滑，深度达木质部。然后，贴芽片、包扎削好砧木后，立即把梭形芽片下端与砧木下削口对齐，同时使芽片一侧边缘与砧木削皮的同侧边缘形成层对齐，最后用 1 厘米左右宽的塑料条自下而上将接芽包扎好，接芽可露可不露。包扎时按紧芽片，勿使芽片错位。

③方块芽接

方块芽接在夏秋季树液流动旺盛期应用，必须以砧、穗离皮为前提。该方法芽片愈合面大，嫁接成活率高，可达 95% 以上。只是芽片削取要求较高，嫁接速度较慢。嫁接时，选择砧木嫁接部位平滑面，将嫁接部位和接穗取芽部位对齐，用芽接刀或特制刀片，同时在砧木和接穗芽上下各划一线痕，长约 2 厘米，接芽上下各 1 厘米，然后按划定长度分别在砧木和接穗上、下方和两侧边各切一刀，成方块状，剥去砧木切削部位树皮，再轻轻剥下芽片，迅速镶入贴切口，使芽片下方和一侧与砧木切口对应部位贴紧，用塑料条包扎好即可。杜仲方块芽接时，剥取芽片要谨慎小心，避免杜仲芽的生长点被剥掉，造成嫁接失败。

④“┓”形芽接

“┓”形芽接是由洛阳林科所在“T”形芽接的基础上改进形成的一种新的嫁接方法。杜仲进行“T”形芽接时，砧木“T”形纵刀深度不易掌握，往往造成纵刀两侧 2 毫米左右不愈合，出现芽片愈合，芽体死亡的现象，后经改进采用“┓”形芽接，克服了“T”形芽接的弊端，嫁接成活率达到 92.9%。“┓”形芽接在树液流动旺盛砧穗离皮时进行，嫁接时先在砧木上横切一刀，宽 0.6~1.0 厘米，再从横刀口一侧纵切一刀，长 2 厘米左右，上部与横刀相接，然后在选好的接芽上端 0.5 厘米处和一侧也同样各切一刀，长度与砧木上相当，深达木质部。再在芽下 1.5 厘米处由浅入深向上推刀，深达木质部 1/3，当纵刀口和横刀口相交时，用手捏住芽柄一掰，即可取出三角形芽片。将芽片尖端随刀口斜插入砧木皮层，使芽片上端切口与砧木横切口对接好，削掉砧木皮层盖住芽体的部分，用塑料条从芽下部绑到横切口上方，注意叶柄宜露在外面，“┓”形芽接还可反方向切削，即砧木切成“┏”形，根据用手方向灵活运用。

⑤嫁接的管理技术

主要有 3 个方面。第一，嫁接前 4~5 天将苗圃地浇透一次水。第二，杜仲春季至 7 月底以前嫁接的，解绑时可根据芽萌动情况，一般接后 7 天在接芽以上 2 厘米处剪砧；接后 10 天芽开始萌动，这时先将芽上部薄膜用刀片划开，使芽抽枝生长，1 个月后全部解绑；8 月份以后嫁接的，接芽当年不萌动，最好在次年春季树木萌动前半个月进行剪砧，剪砧位置在接芽以上 2 厘米左右，接芽开始萌动后再解绑。第三，接芽萌动后要及时抹去砧木上的其他萌芽，注意部分接芽会出现芽片成活，而主芽脱落的情况，只要加强抹芽，大部分芽片上副芽能够萌发 1 个或 2 个芽，不影响嫁接效果。

（8）秦仲 1~4 号嫁接繁殖技术

①芽位换接法

杜仲芽位换接法具体做法是，在砧木当年萌条上（必须是当年萌生枝条）打顶疏叶，预留 2~3 个叶片以起到遮荫保湿作用，然后根据砧木粗度选择相应粗度的当年萌生穗条（必须是当年萌生的穗条），选择饱满芽进行取芽，先在芽片两侧各竖切一刀，再在芽子上下等距离横切，横切距离 2.5~3.5 厘米，并将芽片上、下端部 0.5~0.8 厘米外皮削露韧皮部；同时，在砧木当年萌条基部芽位处，采用同样方法竖切两刀，在芽子上下等距离横切，横切距离 2.5~3.5 厘米，并将芽片上、下端部 0.5~0.8 厘米外皮削露韧皮部；同时，在砧木当年萌条基部芽位处，用同样方法竖切两刀，在芽子上下等距离横切 1.5~2.0 厘米，立即取掉砧木芽片，同时迅速地将接穗上的芽片（带上护芽肉）取下，镶嵌在已取掉芽片的砧木（砧木削口处的皮向上和向下各撕裂 0.5~0.8 厘米）芽位上，并将砧木削口处向上和向下各撕裂 0.5~0.8 厘米的皮覆盖在接芽皮上；然后用塑料条绑缚，除叶柄及接芽外其余部位要绑缚严密，以防雨水浸入，影响嫁接成活率。在 6 月份用此方法进行嫁接，成活率高，且抽生枝条生长快。

②芽位换接法与嵌芽接法的比较

在杜仲不同砧木上进行芽位换接法和传统嵌芽接法，在夏季嫁接时，不同芽接方法的嫁接成活率和枝粗、枝长差异显著，不同砧木间的嫁接成活率差异不显著。采用芽位换接法，在夏季以苗萌枝（根颈处）和当年萌枝（基部）作为砧木，成活率高达 97% 以上。芽位换接法不仅成活率高，且接芽当年抽生枝条生长快，这是由于芽位处（叶痕处）附近汇聚了一部分上部叶片和芽所制造的营养物质和生长素物质，当接芽贴于砧木芽位处时，砧木芽位处附近汇聚的这些物质会刺激接芽很快活化，既有利于愈合组织形成，也有利于接芽萌发和生长。

③芽位换接法在成龄树品种改良中的应用

若对成龄杜仲改良，可采用芽位换接法。由于成龄树短截后，在春季直接采用枝接法成活率差，故在春季成龄树芽未萌发前，在树干 1.2 米左右位置处短截，让其萌发枝条，并及时选择保留分布均匀、生长健壮的 3 根枝条，其余的萌生枝条均剪掉。然后在当年 6 月中旬，在砧木当年萌生枝条基部采用芽位换接法进行品种改良，效果良好。芽位换接法不仅成活率高，且当年接芽抽生枝条生长快。翌年春季芽未萌发前，对接芽萌生枝再行 1/3 短截后，抽生枝条生长更快，两年形成较大新树冠。由于成龄树当年短截和翌年 1/3 短截均具有复壮（幼化），所以，新稍生长较快。

春季嫁接，温度较低，砧木形成层刚开始活动，愈合组织增生慢，嫁接不易愈合；而6月中旬，夏季开始，气温约在27~29 ℃，正值嫁接后形成愈合组织的最适温度，愈合组织增生加快。为了保持秦仲1~4号新品种的优良特性和幼年性，采用1年生实生苗（根颈处）作砧木（低位）嫁接（芽接），既达到了保持新品种的优良特性，又克服了树木老化引起的位置效应。

第四节 苗木出圃

幼苗在苗床生长1年后，在秋季落叶后至土壤封冻前，或次年春季土壤解冻后至芽苞生长之前进行移栽定植。起苗前浇透水，起苗后修整好根系，浸蘸泥浆。用湿布包裹，挂好标签。在定植地按株距2~4米，行距3~4米挖好树穴，深度按树苗根长确定，一般40~50厘米，移栽时，先将适量腐熟的农家肥与表土混合，垫入树穴底部。然后放入树苗，栽植深度略高于原土痕迹，不可栽植过深。培土时将树苗扶正，填到一半时轻轻提苗，让根系舒展，再填满树穴，踏实，浇透定根水，视情况搭建树架。移栽成活率90%以上。如需假植，假植地点应选在避风平坦、排水良好的地段，假植沟深60~70厘米，宽80~100厘米。将幼苗均匀散开，根向下，倾斜30-60º放入假植沟内，浇水后培土。北方寒冷地区培土深度应达苗木1/2处。

杜仲苗木出圃后管理主要是平茬和抹芽。

（1）平茬

杜仲枝干生长呈“Z”字形特点，尤其是实生苗，直立性差，往往不能形成明显直立的主干，且长势弱，易形成“小老树”。而平茬后，根际处很少萌生蘖苗，主干生长的不仅通直，而且粗壮，生长旺盛，病虫害少，而且容易剥皮，皮张整齐，木材质量高，枝叶繁茂，可明显提高皮、材、叶、果的质量。

平茬通常在出圃后第1~2年后进行，在落叶后至春季萌芽前，实生苗从根颈部剪去上面的枝条，嫁接苗从嫁接口上方10厘米处平茬。平茬后，平茬口附近会萌生大量新芽，当萌芽长至10~15厘米时，选留一个生长健壮的萌条培养成植株，其余抹去，以促进主干旺盛生长。

（2）抹芽

杜仲具有极强的萌芽和萌枝特性，在建园1~3年内，幼树会萌生大量萌芽和萌枝，对于影响杜仲主干生长的萌芽萌枝应该及时抹去。抹芽主要在春夏季进行，抹除主干整形带以下、主干分支以下和疏枝剪口处的萌芽和萌枝。抹芽高度为树高的1/3~1/2，如果过高会造成树冠树高比例失调，主干弯曲，影响植株生长和产量。

第五章　杜仲的栽培管理技术

和其他经济树种一样，集约化的经营方式已成为当今杜仲生产发展的主要趋势。近几年来，国内有关学者对杜仲的丰产栽培技术进行了广泛研究，解决了造林地选择、苗木培育、造林密度、低产林改造以及速生丰产栽培技术等方面的问题。长期以来，杜仲一直是处于自生自灭状态的野生植物资源，特别是80年代以来，出现了大面积的人工林，但大多数经营管理方法粗放，造林后植株生长缓慢，造成大片“小老头林”和“低效益林”。西北农林科技大学林学院研究的杜仲“梅花丛”工程造林，对杜仲的立地条件进行了划分，总结出“梅花丛”工程造林技术（张康健等，1992）。既为杜仲的生长创造了良好的生态条件，又使经济效益得到了很大的提高。河南洛阳林科所研究的杜仲丛状速生丰产栽培技术（史永禄等，1992），使杜仲栽培上了一个新的台阶。通过采取大苗、大穴、丛状栽植、施肥抚育、合理密植、整形修枝等技术措施，繁育出3~5年生的试验林。每穴产皮量增加的同时其轮伐期也由原来的20年缩短到3~5年。

第一节　杜仲高效栽培与管理技术

一、造林地选择

杜仲对地形有广泛的适应性，我国杜仲绝大多数分布于山地、丘陵和平原地区。老产区的杜仲主要分布在低山、中山地貌类型，新产区的杜仲主要以丘陵区和平原区为主。杜仲为垂直根系，喜土层深厚、肥沃的土壤，在过于贫瘠或土层较薄的土壤上杜仲生长不良。从林木生长状况来看，灌溉条件较好的平原和丘陵区表现最好；山地以山脚、山窝、山中下部及阳坡表现最好。因此，杜仲栽培宜选择土质疏松肥沃、地势向阳、土壤湿润、排灌方便、富含腐殖质的壤土和砂质壤土，土壤pH值在5~7.5之间。海拔最好在100~1 500米范围内。石灰岩山地营造杜仲林能取得良好效果。贵阳市花溪区吉林林场，于1974年春在石灰岩（坡度5°~10°）的黑色石灰土上定植1年生杜仲苗，生长两年后，1976年春，幼林平均高2.5米，地径3.2厘米。

二、整地施肥

整地方式应根据地形条件而定。在平地上可进行全面整地；丘陵和山地宜进行带状整地，整地的带宽应因地制宜，以保土、保水、保肥为目的。如山地带状规格可为60~80厘米宽，25~50厘米深，并将表土和底土对换。整地后要施足底肥，每公顷施农家肥60~75吨加饼肥1.5吨，复合肥0.45吨加饼肥1.5吨。

荒山荒地造林，定植前必须对造林地进行砍山炼山和全面翻土，而后将道路、防火带规划出来，并按株行距定点挖穴。穴宽80厘米、深30厘米，每穴施放厩肥、饼肥、堆肥、火土灰等作基肥。根据湖南经验，在酸性红壤上定植杜仲，每穴施饼肥0.2千克、骨粉0.2千克、石灰0.1千克、火土灰及垃圾肥2.5千克，杜仲枝叶繁，生长旺盛，定植当年平均高生长1.5米，比对照提高50%生长量。贵州遵义杜仲林场在酸性黄壤造林地上，每穴施饼肥0.2千克、火土灰5千克，杜仲生长亦同样取得良好效果。

三、造林密度

造林密度主要根据作业方式和立地条件的好坏来定。一般株行距为1.5米×2米，2米×2米或2米×3米。根据贵州和湖南多年的经验认为，以2米×2米为最佳。根据陕西汉中地区的经验，如果造林是想以采剥树皮利用为目的的乔林作业，不考虑中间疏伐，初植密度可采用3米×3米至4米×4米；如进行隔行隔株间伐，则采用1.5米×2米至2米×2.5米的株行距。如以培育杜仲茶园为目的的矮林作业，定植密度为1米×1.5米至1.5米×2米。总之，杜仲是强喜光树种，耐阴性差，如果不是单纯的以采叶为目的的话，杜仲造林的密度不宜过大，否则会影响杜仲的生长。

四、苗木选择

苗木质量的高低不仅影响到造林的成活率，还直接影响杜仲的生长发育，质量低的苗木更容易造成“小老树”现象。据洛阳林科所研究表明，不同规格的1年生苗木造林，4年后杜仲生长量表现出显著差异。因此，选择优质的苗木是实现杜仲优质丰产的前提。

以下根据实际情况和经营类型，提出造林苗木规格。山地造林一般采用1年生苗，苗高应在80厘米以上、地径0.7厘米以上。浅山区及平原区可用1年生苗，苗高100厘米以上、地径0.9厘米以上，或者采用2年生苗、苗高1.5米以上、地径1.3厘米以上。营造农田林宜采用2年生苗，苗高1.8米以上、地径1.7厘米以上。果园宜采用2年生嫁接苗，苗高1.2~1.5米，地径1.2厘米以上，其中0.7~1.0厘米处有6~8个饱满芽。

此外，所选的壮苗必须根系完整，侧根、须根发达，栽种时可适当对过长的主根进行修剪，以免造成窝根。

五、栽植方法

杜仲的栽植时间应根据各地区气候条件和当时的土壤水分状况而定。温暖地区冬、春季均可栽种，寒冷地区宜在春季造林。栽植前苗木根系要蘸泥浆，穴内肥料混匀，苗木端正地立在穴中央，一手扶着苗木，一手往回填土，分层回填并踏实，使根系充分接触土壤，并轻轻往上提苗木，防止窝根现象。干旱地区宜采用深栽浅埋的方式，即把苗木深栽，填土到离地面15~20厘米，形成一个小水坑，蓄存雨水，穴壁遮阳挡风，最后再覆盖一些杂草灌枝，起到保温、保湿效果。

六、抚育

杜仲对土壤耕作质量、水肥条件和光照条件等反应十分敏感。皮、叶、果及木材又都是经营对象，因此，必须实行高度集约经营管理，加强水肥培育，不断改善光照条件。

1. 幼林抚育

（1）水肥管理

春季北方降雨较少，尤其干旱地区。栽种第1年，幼苗比较脆弱，对于水分的需求较大，充足的水分有利于根系的生长发育，提高成活率。因此，定植之后要及时浇水，4~6月宜每月浇水一次，保证苗木成活，浇水后要及时松土保墒。杜仲在4月后开始进入生长高峰期，可视生长情况，在4月份之前施肥，以农家肥为主。6月份以后，杜仲开始快速增粗，需要施氮、磷、钾等复合肥。8月份后一般不再施肥，避免树木生长过旺，不利于越冬。

根据贵州遵义杜仲林场施肥经验，用饼肥作追肥，肥效最好；在酸性土上施用石灰和灰肥，反应明显，施用化肥中的氮肥，每亩用尿素15~25千克，肥效反应较快。追肥施用，必须结合中耕工作进行。

（2）中耕除草

夏季应进行中耕除草，既能疏松土壤保持良好的透气性，又能保持水分，促进根系的生长和吸收能力。一般在浇水或雨后，土壤易形成结皮，可根据需要进行中耕保墒以及除草。在杜仲栽植早期3~4年内，每年至少应进行2次中耕除草，结合春季施肥1次，生长高峰期第2次。

根据贵州遵义杜仲林场对幼树年生长发育规律的观测资料，4月为树高生长高峰期，5~7月为直径生长速生期。第一次中耕除草时间，应在4月上旬进行；第二次应在5月或6月上旬进行。有条件地区，分别在定植后第二年、第四年冬季对林地进行全面深翻一次，这对土壤黏重、板结林地上杜仲幼树生长，效果特别显著。

（3）冬季培土

冬季北方寒冷地区，10月份以后气温下降，杜仲停止生长，这时候应该进行松土，培土，并覆盖枯枝落叶，可保温防冻。

2. 成林抚育

杜仲成林抚育内容，第一，应继续每隔2~3年对林地深翻改土一次，每年春夏结合松土，施用追肥；第二，应在适宜时间对乔林作业、头木林作业进行抚育间伐。

乔林作业在林龄10年时，进行第一次间伐，间伐对象主要是生长发育不良的雄株，间伐强度以保证雌株比例占85%为准。第二次间伐时间在15~20年进行，间伐对象主要是雌株中结实稀少和干形发育不良的弯曲木，以便主伐时获得质量优良的药用皮和木材。主伐时立木密度，根据不同立地条件，每亩80~100株。头木林作业，一般只在8年左右时间进行一次间伐，主要目的是改善林木光照条件，以及除去过多的雄株，保持立木密度每亩40~55株。间伐宜在春、夏季进行，减少伐桩萌发新株。

第二节　杜仲经营模式与管理技术

栽种杜仲的主要目的是为了获取树皮、种子、树叶及木材。据经营目的和林地条件，早期的杜仲栽培模式主要有乔林作业（传统药用栽培模式）、矮林作业（皮、叶和把柄材兼用）和头林作业（皮叶等兼用）三种。

一、乔林作业（主干型）

乔林作业的经营目的在于获得干皮和种子。要求林地土壤肥沃，气候温暖。经营密度较稀，但要保证雌株占较大比例，以便获得较多的种子产量。林木达工艺成熟龄时，皆伐剥皮药用及利用木材。根据贵州遵义杜仲林场21年生人工林调查材料，立木密度每亩一百株，其中雌株比例占85%，雄株占15%，平均每亩约产树皮湿重400千克（未包括各次间伐数量），折合干重180千克；每年约产种子40千克；叶片湿重750千克，折合干重262.5千克；木材立本蓄积量约2.5立方米。

乔林作业以实生苗造林，经营目的是培育高大粗壮的树干，以获取较多的药用树皮，胶用果实和木材。因此，要求造林地土壤深厚、肥沃、气候温暖，土壤水分条件好，利于树的生长。栽植密度宜稀，雌株比例要大，以便获得较多的胶用种子。这种作业方式，前期可以获得叶片和树皮，当林木成熟时，皆伐剥皮作为药用或利用木材。

幼林抚育如前面所述，但需要注意的是，幼林中树干低矮、弯曲、枝条干枯和损伤的幼树，应在早春进行截干平茬，选育通直高大的主干。具体做法是，用砍刀或修枝剪，在距地面 10 厘米处截去树干。注意截面整齐，防止撕裂。当萌生条长到 15~20 厘米左右时，选育一根通直健壮的培养成新主干，剩下的萌条全部剪除。

乔林作业的初植密度一般 166~222 株 / 亩，通过 5 年左右的生长即可郁闭。随着树木的生长，林木之间的空间、营养竞争愈加激烈，最终表现出林木分化现象。即生长慢的一直处于被压地位，生长会更慢，生长快的处于优势地位，生长会更快。这时需要进行成林抚育工作。成林抚育的方法主要是移栽和间伐。

①移栽

林木郁闭 2~3 年后，可通过每隔一株挖一株并移栽的方式，减少原有的株树，以改善空间、光照条件，缓解林木之间的营养竞争。这种方式减少一半的株树，生长过程中不再需要间伐来调整林木密度，可以维持到最后。

②间伐

在林木高郁闭度，林木分化较明显时，应采伐掉部分林木，为保留的树木提供良好的生长条件，即间伐。杜仲是强喜光性树种，因此，通过间伐调整林木密度对杜仲的生长发育是极为重要的管理措施。

第一次间伐宜在造林后的第 10 年左右进行，具体还要根据林木分化程度确定。主要间伐生长不良被压的林木，尤其是生长发育不良的雄株。大约间伐掉原来的 25%~30%，每亩保留株树为 120~160 株，间伐后的林木郁闭度应在 0.6~0.7 之间。第二次间伐宜在第一次间伐后的 5~10 年间进行，第二次间伐的主要对象是结实稀少、主干弯曲的雌株，一些生长不良的林木也要适当伐掉。一般采伐掉 15%~30% 的株数，每亩最终 80~100 株左右。间伐后的郁闭度应在 0.6~0.7 之间。如果想增加种子产量，郁闭度可适当降到 0.5~0.6 之间。

我国乔林栽培模式主要有以下两种。

（1）农田经济型杜仲防护林

优质高效的生态林业已成为未来我国林业发展的新趋势。农田防护林在保护农田、改善农田小气候，提高农作物产量，维持生态平衡等方面发挥越来越重要的作用。杜仲不仅经济价值高，且防风固沙效果好，管理技术也相对简单，是很好的农田防护林构建树种。目前，农田经济型杜仲防护林栽培模式，已在中原地区大面积推广应用，并取得很好的经济、社会、生态效益。农田经济型杜仲防护林经营需注意以下几点：

①规模化。农田经济型杜仲防护林，应遵循“山水林田路沟渠统一规划，风沙旱涝碱综合治理”地原则进行规划设计，县、乡统筹规划，形成一定规模。林带设计

要窄，网格要小，疏透结构，长方形断面是农田防护林的发展趋势。因此，林网的设计要规范化、标准化。

②选择良种。不同品种杜仲实生苗木差异明显，抗风能力的强弱也相差很大。因此，选择合适的品种对营造防护林极为重要。华仲3号为良种雌株，叶片小、主干直立、抗风、耐盐碱，很适合农田防护林营建。华仲5号为良种雄株，具有主干通直、分枝角度小、抗弯曲能力强、生长迅速等优点。上述两个良种宜作为防护林建设的首选树种，栽植时可华仲3号为主，华仲5号作授粉品种，栽植比例为9∶1；也可1∶1隔株交叉或隔行栽植。

③选择优质良种，深挖深埋，加强肥水管理，缩短缓苗期，促进苗木快速生长，提前发挥防护效益。

（2）药用杜仲丰产园

主要目的是培养高大植株，以获取树皮、种子、树叶、木材等。可以在丘陵、山区建造杜仲林场，平原区建造杜仲丰产园。

根据初植密度，药用杜仲园可分为计划密植园和稀植园。计划密植园一般采用1米×1米、2米×2米、2米×3米等密度，以后逐步有计划的间伐，最终保留3米×4米或4米×4米，长期经营。稀植园是初植密度直接为3米×4米或4米×4米，稀植园经营周期较长，前期收入较低，综合效益较差，不推荐此模式。

二、矮林作业(散生型)

利用杜仲萌芽力强的特性，人为地使其呈灌木状，目的在于获得产量多的叶片。适用于林地条件较差，气候寒冷地区。根据贵州遵义杜仲林场经验，定植第三年后即可开始截干，截干高度离地50厘米，冬季截干，截后施肥、培土，间隔期2~3年，每亩330丛，每年平均可收获叶片80千克（干重）。

林学上把利用无性繁殖方法培育起来的林木，称为矮林。矮林作业主要是利用杜仲萌芽能力强的特点，人为地截杆，使其长期呈灌木状。目的是获得产量多的树叶和枝皮。矮林作业适用于林地条件差，气候寒冷，杜仲很难长成高大乔木的地区。

杜仲的矮林作业一般采取以下措施：

①栽植后的2~3年后可开始平茬，使积累的养分集中供应萌条的生长和发育，扩大枝幅，增加叶片产量。

②平茬季节，温暖地区以冬季为佳，寒冷地区早春较好。首次平茬宜在离地面30~50厘米处，这样方便萌生枝条叶片的采收。以后的平茬可逐渐降低高度。平茬的切口要光滑平整，注意截口处树皮不能撕裂或损伤，并将剪除的枝干清除出林地。

③平茬截干的间隔期以两年为宜，即每隔1年截干1次。截干的第二年，叶片

繁茂，叶片产量增加，第三年产叶量下降，长势减弱，再重新截干伐枝。

矮林作业比较简单，省事省工，培育的干材通直无节，生长旺盛，收益早，每年可够获得大量树叶和枝皮。再配合松土施肥，有助于地上部更好的生长。

矮林经营模式主要有田埂地边灌状杜仲园经营模式和宽窄行带状密植杜仲园经营模式。

（1）田埂地边灌状杜仲园经营模式

此经营模式可广泛应用，尤其是北方地区。以浅山丘陵区梯田田边为主，平原区田边也可发展。一般在田边单行栽种，株距 1.5 ~3 米。1 年后平茬，留 2~3 个生长旺盛的萌条。3 年后可砍伐剥皮。第 1 次砍伐后，可选留 5~6 个萌条，以形成灌丛状。以后每 3 年可砍伐剥皮 1 次，每年还可采收树叶。田边土壤、光照等条件都比较好，利于杜仲生长。且由于矮林作业，对农作物影响较小，还可起防护农田作用，前期收益可观，管理也相对简单。

（2）宽、窄行带状密植杜仲园经营模式

该模式采用宽、窄行三角定植的方法，宽行 1.5 ~3 米，窄行 0.5 米，株距 1 米，每公顷可栽种 5 700~10 000 株。1 年后进行平茬，每株可留 1~3 个枝条。平茬第 3 年基本郁闭，萌条长至把柄材可进行第 1 次砍伐剥皮，可收获树叶 4.8~6 吨 / 公顷，树皮 3.6 吨 / 公顷，把柄材 13 000~20 000 根。以后每 3 年砍伐一次，长期经营。

此模式在总结以往作业方式的基础上，进行了科学的改进，植株分布均匀，林木分化较小，可根据实际情况对行距进行调整，适宜杜仲皮、叶、材兼用，高密度集约栽培。

三、头木林作业

头木林作业是根据矮林作业原理，截干时保留 2 米的高度，在截面附近选育 5 个力枝，待主干增粗 12 厘米左右，力枝基径 5~6 厘米时（一般 10 年左右），每年采剥一个力枝，并随即选育一个替换力枝， 5 年一个轮剥期，经过三个轮剥期，林龄达 25 年时，主干可以增粗 25~30 厘米，伐去主干剥皮药用，再从伐桩进行萌芽更新。根据在贵州遵义杜仲林场调查，每亩 55 株，每年采剥一个力枝，每株约可生产枝皮 0.66 千克，每亩约可生产枝皮湿重 36.3 千克，折合干皮 16.34 千克。此外，主伐时约可获干皮湿重 110 千克，每年每亩还可收鲜叶约 50 千克和一定数量的种子。这种作业法优点是，能作到青山常在，永续利用；树皮树叶产量稳定。但是要求经营水平高，必须实施高度的农业技术措施。

头木林作业是一种介于乔林和矮林之间的经营方式。栽后截干时，将主干高留 1.5~2 米，截去上部主干和树冠，待长出萌条后，选留其中壮条进行培养。待粗度达到一定规格时砍伐利用。该方式与矮林作业方式相比，萌条长势不旺，而且产量较低，不宜发展。

四、叶林模式

为克服杜仲传统乔林栽培模式的缺陷，苏印泉教授等提出了杜仲叶林栽培模式。叶林模式即改高大乔木为灌木的经营模式，利用杜仲萌芽能力强的特性，定植后每年春天从靠近地面处平茬，并在主干上萌生出的枝条中选育3个不同方向、分布均匀的萌条构成开放型树冠，以后每年春天树液流动时平茬。

叶林模式的配置为两行为一带，带间留1米间距的通道，带内两行的株行距0.5米×0.5米。主要栽植秦仲系列品种。这种模式将以前每亩地100株的种植量提高到了每亩地2 000株，叶林模式的生物量较乔林模式的明显较大。

叶林模式是以产叶子和树皮为主的经营模式，杜仲在这种栽培模式下，每年可以获得大量的杜仲叶、树皮和木材，这样就为杜仲胶的大规模开发利用提供了可靠的材料来源。目前已在陕西、内蒙、新疆、河南和安徽等省份推广杜仲叶林种植基地2万多亩。

五、叶用杜仲园栽培模式

（1）茶园式叶用杜仲园

该模式借鉴茶园栽培模式，以生产叶为主。按植株修剪形状又可分为球形栽培和篱带状栽培。球形栽培行距2米，穴距2米，每穴栽种5~7株成灌丛状，留主干0.5~0.7米，逐渐修剪成球形。篱带状栽培带宽1米，带距2米，带内双行栽植，三角定植，株距0.5米，留主干0.8~1米。为了保持球形或篱带状，提高叶产量，每年春节前应重剪1次。

（2）高密度叶用杜仲园

该模式可采用宽行1米，窄行0.5米，株距0.3米栽植密度，每公顷栽植20 000~66 700株，采用华仲2号、华仲3号、华仲4号两种雌株或高含胶无性系造林。栽植第2年在距地面15~20厘米处截干，每株留萌条2~3个，落叶前采叶，采叶同时在原来截干位置剪去萌条。

六、杜仲果园化栽培模式

目前杜仲胶的提取都是以杜仲叶为原料，由于杜仲叶含胶量一般为1%~3%，使得提胶的原料成本和加工成本都较高，限制了杜仲胶产品的开发。杜仲果皮含胶量高达12%~17%，是杜仲叶的5~6倍，随着杜仲大面积的栽培，产果量也大量增加，利用杜仲果皮提胶可促进杜仲大产业的发展。果园化栽培模式是我国杜仲橡胶资源与产业发展的方向和主要栽培模式，由传统药用栽培模式转向综合利用的全新栽培模式，使杜仲生产逐步趋于果园化、园艺化。该模式以产果和产胶为主要目的，除了提供杜仲胶的原料以外，还可以生产高质量的杜仲皮（药材），做到果、叶、皮兼用。

1. 建园的基本要求

果园化栽培模式应选择光照充足、土壤肥沃的平地，立地条件要好。该模式应选择优良品种，如采用 9503、9506、9516、9532 等高产胶优良无性系雌株建园，并以华仲 5 号雄株授粉，雌雄株比例为 9∶1~9.5∶0.5。新建园采用 2 米 ×3 米至 3 米 ×4 米的栽植密度。土壤条件好的平地，良种果园株距 2.5 米，行距 3~4 米，每公顷 1 000~1 330 株。土壤条件稍差的山丘地，果园株距 2 米，行距 3~4 米，每公顷 1 245~1 665 株。

2. 建园方式及管理

建园可采用栽植嫁接苗、砧木建园和高接换优三种方法。

（1）嫁接苗建园

此方法是常规的建园方式。栽植后的嫁接苗要及时定干，定干高度为 100 厘米左右。所有栽植的苗木要及时浇水，保证土壤有充足的水分。对死亡苗木要及时补栽。

（2）砧木建园

①砧木定植。选择地径 0.8~1.2 厘米的杜仲实生苗进行定植，在萌芽前 10~15 天将所有砧木距地面 2~4 厘米平茬，选择 1 个生长旺盛的萌条，其余全部抹去。

②砧木嫁接前处理。当砧木萌条长到 50 厘米时，进行摘心。嫁接前一周左右将杜仲园地浇透水或者下透雨后嫁接。

③嫁接方法。嫁接部位在地面以上 7~10 厘米处为宜。采用带木质嵌芽接，芽片长 2~3 厘米，其中芽下 0.5~1 厘米，芽上 1.5~2 厘米。并用塑料薄膜包扎保湿，包扎时露出芽。

④嫁接时间与嫁接后管理。砧木园嫁接时间为 5 月下旬至 10 月上旬。春夏嫁接后的 7~15 天内，在接芽以上 1.5~2 厘米处剪砧，30 天后当接芽萌条长到 15 厘米以上时进行解绑。秋季嫁接的，接芽当年不萌发，嫁接 20 天后松绑，第 2 年春季萌芽前 10~15 天在接芽以上 1.5~2 厘米处剪砧，萌芽后松绑。剪砧后应及时抹芽，促进接芽生长。

（3）高接换优技术

杜仲高接换优嫁接成活率高，嫁接后生长快、成形开花结果早。对现有林可通过改造建成良种果园。

①砧树树龄。高接砧树对树龄要求不高,一般以10年生以下或胸径15厘米以下的树高接为宜,过大的砧树价值较高,虽不影响嫁接成活率,但增加了高接成本。

②园址选择。高接园一般选择砧树保留相对完整,生长比较整齐,土壤条件相对较好的中低产园。砧树密度要适合,过大不便于改造,一般密度为2米×3米至3米×4米为宜。

③截干与萌条培养。要高接的砧树全部从地面以上100厘米处截干,萌芽后留长势较好的萌条3~4个,培养成嫁接枝,5月上、中旬,当萌条粗度达0.8厘米以上时,可进行高接。

④高接方法。高接品种根据建园目的,果园以华仲2号为主,种子园以华仲3号为主,以华仲5号或华仲1号作为授粉品种。高接方法采用带木质嵌芽接或带木质芽片贴接等方法。嫁接部位在新梢基部10厘米处。嫁接时可根据萌条情况在萌条上方或侧方嫁接,每枝条嫁接1~2个芽,包扎时露出接芽。接后7~10天在芽片以上1厘米处剪砧,1个月后,当接芽萌条达25厘米左右时再解绑。不宜过早解绑,否则易造成芽片撬皮、干枯,影响成活率。剪砧后注意抹芽,促进接芽生长。一般高接成活率可达98%以上,当年嫁接萌条生长量达1~1.5米。

第三节 整形与修剪技术

目前,我国杜仲产业经营管理水平低下,重栽轻管现象很普遍,尤其是修枝整形技术的掌握与应用十分欠缺,这也是直接导致出现杜仲“小老头树”的原因之一,严重影响到了杜仲产业发展。根据经营目标与杜仲生长习性,实施科学的修枝整形技术,是实现杜仲丰产的重要措施之一。

一、杜仲整形修剪的主要方法

(1)平茬

平茬是最基本、最关键的整形修剪技术之一。它是利用杜仲萌芽能力强的特点,将幼树主干从地面以上一定部位剪去的一种修剪技术。杜仲枝条呈不同程度的“Z”形,尤其是1年生苗更为明显。加上杜仲无顶芽生长的特点,栽植后的第2、3年内,萌芽较旺盛,但是直立性较差,往往不能形成优势主干,长势弱,易形成“小老树”,干旱地区尤为突出。植株经过平茬后,干形通直,养分和水分消耗减少,树木长势较旺,生长迅速。通直的主干,剥皮也容易,皮张整齐,木材质量高,可明显提高药、材、叶的质量。平茬一般在栽植1年后进行,平茬时间宜在落叶后至春季萌芽前，平茬的部位在地面以上 2~4 厘米处。2 米以上的 2 年生苗圃平茬苗或嫁接苗，栽植后不再进行平茬。

（2）除萌与抹芽

杜仲具有很强的萌蘖性，平茬或枝干短截后，会从剪口处长出许多萌芽，要根据需要及时去除多余的萌芽和萌条。平茬当年保留的萌条叶腋内，会长出大量腋芽，应当及时抹去，减少水分和养分的消耗，利于主干生长。

（3）疏枝与短截

杜仲不仅萌芽能力强，抽枝能力也很强，杜仲幼树萌芽成枝率高达 94% 以上。这些萌发的枝条任其生长，会导致枝叶过于密集，通风透光不良。长期得不到光线的枝条会逐渐死亡，生长量下降，产叶量也减少。杜仲无顶芽，下部的芽往往又同时萌发，造成“群龙无首”的现象，不利于中干的生长。当多个枝条密集在一起时，还容易形成“卡脖子”现象。为改善植株通风透光条件，应当根据经营目的，适当疏除竞争枝、徒长枝、过密枝、重叠枝、轮生枝、位置不当的交叉枝、细弱枝和病虫枝等。每次疏剪量不宜太大，否则影响树木正常的生长。

短截是根据需要将植株萌条剪短，促发萌条、调整树形结构和平衡营养的一种修剪技术。一般应用在幼树、丛状矮林、采叶园、高产果胶园等上面。成年大树，操作不方便，应用较少。短截后的枝条生长可超过未短截的 30%~60% 以上。尤其对中干较弱的植株，可显著促进其生长。根据短截程度可分为轻短截、中短截和重短截。轻短截一般剪去枝条长度的 1/5~1/4，中短截一般剪去枝条的 1/3~1/2，重短截一般留基部 6~10 个芽或减掉枝条的 2/3。

（4）回缩与截干

回缩是在多年生枝条的适当部位剪截。主要应用在大树衰弱枝条、多次短截的枝条以及过于密集的枝条上，目的是改善光照、恢复树的长势，保持枝条的萌芽活力。截干是在主干一定部位截断的一种修剪措施，应用于主干弯曲的多年生幼树，应该在弯曲处截干，也可用于改变经营目的，如乔林改头林，矮林改采叶林等，在高度 0.6~1.5 米处截去主干。

二、叶、药兼用型杜仲的修剪

（1）栽植第 1、2 年的修剪

栽植后的前 2 年修剪虽然比较简单，但却最关键。对土壤条件比较好的园地，可在栽植后至春季萌芽前，在距地面 2~3 厘米处进行平茬。平茬后，春季会抽生 3~6 个萌条，留长势最旺的 1 根萌条，其余的抹掉。留下的萌条生长过程中叶腋内会萌生少量小枝，应及时抹去。平茬当年树苗生长可高达 2.5 米以上。第 2 年萌芽抽枝后，抹去主干高度1/3以下的全部萌芽，并剪去主干的竞争枝，生长季对过密的幼嫩枝条也要适当去除。

对于土壤条件一般的园地，可在栽植后第二年平茬。栽植当年应对苗木进行剪梢，剪梢长度为20厘米左右，以促发萌条。等到萌条生长至50厘米以上时，及时摘心控制萌条的生长，促进主干增粗，第1年地径应在2~2.5厘米左右。在春季萌发之前进行平茬，平茬后高度为2~4厘米。平茬后会抽生5~10个萌条，萌条长势较好，抽生的腋芽也应及时抹去。平茬时剪口部位不可过低，否则很难萌生不定芽，如低于苗木根茎部以下，萌芽形成时间要晚于正常萌芽30~40天，长势也较弱。

（2）第3~5年幼树的修剪

3~5年幼树主要以疏枝和抹芽为主。每年落叶后至春季萌芽前，将主干下部枝条挨个疏除，疏枝后主干高度控制在树高的1/3~1/2。过密枝和竞争枝也应同时疏除，但每次疏枝不宜过大，不应超过总枝量的20%。对主干萌条长势较弱的，可采取中短截，促进其生长，同时主干分枝以下要及时的进行抹芽处理。平茬结合修剪技术，比单一修剪技术生长更好。

（3）6年以上杜仲树的修剪

6年生以上的杜仲树主干、树形基本固定。这一阶段修剪量较小，主要以短截为主，并配以每年冬季疏除少量枝条。6年以上的杜仲树长势变慢，通过短截梢部萌条，增强树冠顶部生长势，促进树高生长。同时，对树冠中下部的枝条适当短截，保持树木整体长势，增加产量，促进树木增粗。对于成熟龄的杜仲树（10~25年），以及老龄杜仲树，重点应该是疏除病虫枝、干枯枝、回缩衰弱枝，以达到改善光照条件的目的；短截中上部枝条，调整树的长势，增加叶片质量，保持树的活力。

三、叶用型杜仲的修剪

叶用型杜仲修剪的目的是提高产叶量，要求采叶方便，一般为低干形或无主干型。单株树型采用圆柱形或圆锥形，大密度栽植呈圆球形或篱带状。栽植后统一进行平茬，第2年根据预定方案在不同高度处短截，干高20~100厘米，树高2~2.5米。按照设计的干高，每年冬春留新梢3~5厘米重短截，促发新萌条。有关研究表明，短截能促进枝条迅速萌芽、生长，不修剪而多次采叶的，采叶后萌芽慢，产叶量低，生产中以采用短截的方法采收树叶为最佳。具体操作是，药用采叶园，5、7、10月每次将所有萌条留3~5厘米重截，采收树叶，最后1次（10月）采叶宜在霜降后；胶用杜仲采叶园，每年10月中、下旬短截采叶1次。

四、良种果园的修剪

杜仲果园主要的树形为自然开心型，树高控制在2.5~3米。

（一）幼树和初开花结果树的整形修剪

这一时期主要是指1~5年幼树，修剪的主要目的是培养牢固的骨架，促进树冠快速成形，同时采取措施促使提早结果，为盛果期打好基础。

1. 骨干枝的培养

幼树定植后，一般在定干部位以下20~30厘米范围内能萌发4~6个枝条。新栽苗当年缓苗期较长，夏季选择分布均匀的3~4个枝条，逐步向下拉枝，使之与主干呈70°～90°角。冬剪时，对达到3~4个合理枝的幼树，将均匀分布的3~4个分枝短截20厘米左右，其余的枝条全部疏除，枝条数量不够，分布不合理的，应全部从基部剪除掉，促发新的萌条。第2年秋冬对培养的主枝拉枝角度到80°～90°，除了很弱的枝，不再进行短截。夏季主枝培养以疏枝、摘心、拿枝为主，杜仲萌芽抽枝能力强，因此要少短截，多拉枝。

2. 夏季修剪

杜仲幼树枝条长势旺，分枝多，应及时修剪，促使早结果、多结果。生长季主要采取拿枝、开张角度以及环剥、环割等措施。

（1）拿枝

对背枝及影响骨架生长的所有枝条，采用拿枝的手法，促使其开花结果。杜仲幼嫩枝条较脆、易断裂、拿枝时宜从基部开始，小心谨慎，减少枝条的断裂。拿枝时间一般在6~7月份进行。

（2）主干、主枝环剥与环割

环剥与环割是促进杜仲花芽形成、提早结果的有效措施。环剥宽度由是否包扎及主干和主枝粗度决定，如包扎，环剥宽度宜为枝干粗的1/3~1/2，环剥后要用塑料薄膜包扎环剥口；如不包扎，环剥宽度为枝干粗的1/10~1/8，但一般不超过2厘米，利于环剥口愈合。环割是主干、主枝用环割刀环状割伤2~3圈，刀口距离2毫米左右，深达木质部。

（3）摘心、抹芽

摘心对对抑制枝条的生长、增加枝的级次和促花均有一定效果。一般是1年摘心1~2次，当新梢长至30厘米左右时摘去顶梢3~5厘米。摘心部位主要有：幼树、旺树骨干枝的延长梢。

（二）结果枝的培养

杜仲结果部位在当年生枝条基部。因此，1年生枝条越多，丰产的可能性越大。杜仲1年生枝条萌芽抽枝率高达80%以上，合理分配管理这些枝条是保证多结果的前提。对这些枝条要求多而不密，采光条件好。重叠枝、弱枝、过密枝要及时疏除。根据具体情况，枝组可培养成长筒型或扁平扇状。

（三）盛果期的修剪

经过嫁接的杜仲雌株，6 年以后进入盛果期。这一时期主要任务是改善树冠透光条件，枝组的培养，固定和更新，使其尽量避免大小年结果现象，争取优质、高产、稳产。大年时减少坐果量，节约树体营养，大年 5 月下旬至 7 月中旬对主干、主枝进行环剥，促进花芽形成。同时加强土、肥、水综合管理。

第四节 剥皮再生技术

杜仲主干剥皮后，及时用塑料薄膜或牛皮纸包裹树干表面，树干表面的形成层和未成熟木质部细胞可加速分裂，逐步相连，形成新的周皮。杜仲主干剥皮再生技术操作简单，省工增效，剥皮之后树皮可再生，3~5 年后即可再次剥皮，既做到了保护资源、永久采皮，又提高了皮用杜仲林的经济效益。

研究结果表明，杜仲不同无性系剥面愈合生长能力都很强，其中华仲 1~5 号表现最好；主干多次剥皮，剥面仍能很好愈合。杜仲适宜的剥皮周期是 2~3 年主干全剥一次，杜仲适宜的剥皮时间为 5~6 月份。剥皮后喷施高效树木增皮灵，能显著提高再生皮生长速度，剥面愈合率达 100%，再生皮厚增加 76. 7%，胸径生长量提高 41.6%。

一、影响剥皮再生的因素

影响剥皮再生的因素很多，树木的生长状况、剥皮的季节、剥皮时的气候条件等都影响新皮的形成。

1. 树木生长状况

树木的生长状况直接关系到杜仲树新皮再生。树木生长越旺盛，形成层细胞就越活跃，未成熟木质部细胞的层数也越多，越有利于新皮的形成，这是剥皮后再生新皮的基本条件。一般 10~25 年生的杜仲树木生长旺盛，适宜剥皮再生。

2. 剥皮的季节

这是与树木生长状况密切相关的因素，通常在夏季剥皮更容易再生，因为夏季树木生长旺盛，形成层也已活动了一段时间，形成了较多的未成熟木质部细胞，为再生新皮打下了物质基础。一般 6 月份为最佳剥皮时间，杜仲剥皮成活率最高。

3. 气候条件

（1）湿度

土壤湿度是影响新皮再生的重要因素，土壤湿度的大小受降雨量影响，特别是前一周的降雨量。因为只有充足的水分，形成层细胞活动才能保持旺盛，这有利于新皮再生。干旱胁迫会导致形成层活动减弱或停止，因此，干旱季节应该剥皮前浇水。另外，空气湿度能够影响树皮再生，空气湿度达 90% 并能维持 2~3 周时，新皮生长很迅速。但湿度过大也不利于木栓细胞的栓质化，且易引发病虫灾害。因此，剥皮后要及时进行包裹，也要适时揭膜透气，促进周皮的形成。

（2）温度

适宜的的温度对新皮再生也很重要，一般气温在 20~25 ℃为最佳。温度太高不仅抑制形成层细胞活动，还会引起烂皮病的发生。

二、剥皮技术操作要点

1. 准备工作

剥皮前一周需视情况对杜仲树浇 1 次透水，同时准备好剥皮刀、塑料薄膜、捆扎绳、干净手套等。

2. 剥皮方法

剥皮用“三刀开口法”。用剥皮刀在树的大分枝下 10 厘米处开第一刀，环割一圈；在树干基部距地面 10 厘米处环割第二刀；在两环割圈之间垂直纵割第三刀，割口呈“工”字形。下刀深度为隔断韧皮部但不伤及木质部；然后用剥皮刀挑开树皮，轻轻剥离，直至将整块树皮剥落。

3. 树皮加工

将剥下的杜仲皮展开，置于通风、避雨处的稻草或麦秆上，两两内皮相对叠放，压平、压实、并用稻草覆盖。1 周左右后，其内皮呈紫色时，可取出晾干。

4. 防护措施

一般只要方法恰当、时期适宜，环状剥皮后无需保护，杜仲树干也能产生新皮。但是，如遇高温干燥等异常天气，剥皮后应立即包裹塑料薄膜，此方法可比完全暴露时提前一个月完成分化，大大提高了新皮再生的速度。包扎时先绑上部，绑紧实，防止雨水渗入，再包中间，薄膜要互相掺和，不留缝隙，最后包扎下面，可轻轻包扎。包扎过程中应保持剥面清洁，工具和手不得接触剥面。40 天后可去除薄膜。

5. 剥后管理

包扎后应该加强看护，防止薄膜被风吹开、撕破。剥皮后一周内，应该每天观察一次，并用手轻轻的将薄膜往外拉一拉，避免紧贴剥面，温度过高，水汽过多时，应该解开中间的扎绳，以防止烂皮病的发生。如果树干逐渐变黑，除了及时散热透气外，也可在剥面喷施抗菌素、多菌灵等药物，浓度以 10 ppm 为佳，用药后再用薄膜包裹防护。

第六章　杜仲的病虫害防治

杜仲具有较强的抗病虫能力，长江以北各产区杜仲树很少发生病虫害，南方各产区病虫害比较严重，但是随着杜仲栽植方式和栽植面积的不断扩大，以及长期的病虫基数积累，杜仲病虫害的危害日趋严重，病虫抗药性逐渐增强，防治的难度逐渐加大，严重制约了杜仲产业的发展和农民种植的积极性。

第一节　杜仲的虫害防治

杜仲害虫主要有地老虎、蛴螬、蝼蛄、咖啡豹蠹蛾、豹纹木蠹蛾、杜仲梦尼夜蛾、刺蛾（痒辣子）、袋蛾等，按照危害部位可以分为苗木害虫、蛀干害虫、食叶害虫等。地老虎、蛴螬、蝼蛄为苗木害虫，主要危害杜仲幼苗；咖啡豹蠹蛾、豹纹木蠹蛾为蛀干害虫，主要蛀食较细的侧枝，主要发生在幼林内；杜仲梦尼夜蛾、刺蛾（痒辣子）、袋蛾为食叶害虫，主要取食杜仲叶片。

一、地老虎

1. 危害特点

地老虎幼虫危害杜仲幼苗，凶残似“虎”，故称之为“地老虎”，它是苗圃中常见的危害较重的一类害虫。1~2 龄幼虫群聚在幼苗幼嫩部分啃食，3 龄后转入土中，夜间出来捕食，常咬断幼苗嫩茎拖入土内取食。幼虫 3 龄前食量较小，4 龄后取食量和危害程度随幼龄级的增大而增大。幼虫行动敏捷、凶残，成虫白天隐伏，夜间活动，具有趋光和趋化性。

2. 防治方法

（1）加强管理

及时清除杂草，并运出田外焚烧处理，降低虫卵存活率。亦可人工捕捉、堆草诱杀、毒饵诱杀或黑光灯诱杀。

（2）药剂防治

可用 50% 辛硫磷乳油 800 倍液，或 90% 敌百虫 600~800 倍液，或 20% 速灭杀丁，或 2.5% 溴氰菊酯 2 000 倍液喷雾。

二、蛴螬

1. 危害特点

蛴螬是金龟子幼虫的总称，主要以幼虫取食杜仲幼苗为害，在黄河流域及其北部地区普遍存在。蛴螬营地下生活，初孵幼虫均以腐殖质为食，长大后逐步咬食杜仲幼根皮、幼根，将主根咬断，或将主根皮啃食严重导致地上部叶片萎蔫，顶梢下垂，直至幼苗死亡。成虫常集群取食嫩梢和叶片。金龟子在荒山、荒草地、林间空地及粗放耕作地较多。

2. 防治方法

（1）加强管理

适时翻耕土地，人工捕杀或黑光灯诱捕，降低虫口密度。成虫喜欢在未成熟的堆肥内产卵，施用前一定要充分腐熟，以免孳生蛴螬。

（2）药剂防治

播种前用50%锌硫磷乳油30倍液喷于窝面再翻于土中，之后播种。在生长期可用90%的敌百虫800倍液浇灌。

三、蝼蛄

1. 危害特点

在全国各产区均有发生，华北地区尤为常见。蝼蛄喜食刚发芽的杜仲种子，危害幼苗，不但能将幼嫩地下苗和茎取食成丝缕状，还能在苗床下挖掘隧道，使幼根脱离土壤而枯死。它昼伏夜出，夜间主要在表层土活动，高温、高湿的夜晚，活动更为频繁，21：00~23：00为取食高峰，而且趋光、趋湿、趋肥性明显。蝼蛄在沙质土壤苗圃地危害最重。

2. 防治方法

（1）加强管理

施用充分腐熟的有机肥，减少蝼蛄产卵。亦可使用黑光灯诱杀。

（2）药剂防治

用90%敌百虫原药1千克加饵料100千克，充分拌匀制成毒饵，选择无风闷热的夜晚，撒于蝼蛄隧道洞口处。

四、咖啡豹蠹蛾

1. 危害特点

该虫幼虫常危害杜仲枝干。雌虫将卵产在林木枝条或腋芽处，幼虫孵化后多在当年新梢下部的腋芽处蛀食，稍大后进一步危害枝条，3龄后幼虫蛀食较粗的枝条，进一步蛀入木质部，随着幼虫的生长，食量的增大，树干内形成环状蛀道，严重时导致树干中空，倒折死亡。

2. 防治方法

（1）加强管理

冬季及时清除虫害树木，剥皮处理，消灭越冬害虫虫卵，防治害虫扩散。成虫羽化初期或产卵前用白漆刷树，防止产卵或使卵干燥不能孵化。亦可引入该害虫的天敌，比如斑啄木鸟、戴胜、小茧蜂，白僵菌等，抑制害虫的增长。

（2）药剂防治

幼虫孵化初期，可在树干喷洒40%乐果乳剂400~800倍液。亦可根据排出的虫粪找出蛀道，用废布废棉花等蘸取90%敌百虫原液或50%久效磷等塞入蛀道内，并以黄泥封口。

五、豹纹木蠹蛾

1. 危害特点

该虫幼虫常危害杜仲枝干。常将卵产在树皮裂隙或根际处，幼虫孵化后蛀食树皮，之后透过韧皮部及形成层，进一步蛀食木质部。随着幼虫的增长，食量的增大而使树干形成中空的扁平圆形蛀道。幼虫在蛀道内上下往返，使蛀道在树干内形成环状，常导致树干折倒甚至死亡。该虫多发生在幼林内，常以南向山腰下的疏林、林缘及孤木受害严重。

2. 防治方法

可参考咖啡豹蠹蛾的防治方法。

六、杜仲梦尼夜蛾

1. 危害特点

杜仲梦尼夜蛾食性专一，仅食杜仲叶，食量大，蔓延扩散速度快，危害期长。从春天杜仲树发叶至秋天叶片发黄，均受其害。多数卵上午孵化，初孵幼虫聚集在叶片背面，4~5小时开始取食叶肉，使得叶表面呈白色网状斑块，1日后分散取食叶片，形成孔斑。2龄前不下树，潜伏于叶背或卷叶潜伏，3龄后下树潜伏于杂草或土中，昼伏夜出。4龄幼虫食量最大，危害也最大。随着取食，孔斑扩大，甚至吃光整株叶片，仅剩叶脉。4龄老熟虫入土作茧化蛹。

2. 防治方法

（1）加强管理

秋冬季翻挖林地，由于蛹入土深度仅2~5厘米，浅翻即可破坏其越冬场所，进而消灭大部分越冬卵，达到降低其密度的目的。亦可引入其天敌，比如姬蜂、茧蜂、寄生蝇或白僵菌等。

（2）药剂防治

根据三龄后幼虫黎明前下树潜伏、傍晚上树取食、老熟幼虫下树入土作茧化蛹的习性，在树干上绑毒绳或涂刷毒环，阻杀上、下树幼虫。可用20%速灭菊酯乳油，或2%氯氰菊酯乳油，或2.5%溴氰菊酯乳油，或5%氰苯醚菊酯乳油，或25%菊乐合酯乳油，或5%来福宁或20%灭扫利，或50%辛硫磷乳油等喷杀。

七、刺蛾（痒辣子）

1. 危害特点

初孵幼虫聚集在叶片背面，专食叶肉，稍大后分散取食叶片。该虫食性较广，除了取食杜仲外，寄主植物较多。该虫取食之后，叶片会出现很多孔洞，缺刻，严重时会将叶片全部吃光，仅剩叶脉和叶柄。

2. 防治方法

（1）加强管理

刺蛾初龄幼虫有集群危害习性。寄生叶片常出现白膜状，幼虫常聚集在叶片背面，发现初孵幼虫，摘除虫叶并消灭幼虫。秋冬季翻挖林地，人工消灭越冬茧降低翌年的虫口密度。另外，可利用刺蛾成虫趋光性的特性，实用灯光诱杀成虫。亦可引入该虫天敌，如黑小蜂、赤眼蜂、小茧蜂、螳螂等，降低害虫密度。

（2）药剂防治

在6月中旬至7月下旬，喷施50%辛硫磷800倍液毒杀刺蛾幼虫。

八、袋蛾

1. 危害特点

危害杜仲林的主要是大袋蛾。大袋蛾初龄幼虫啃食叶表皮和叶肉，形成许多不规则白斑，进而形成孔洞。幼虫迁移能力差，多集中在母林周围几根枝条上取食。幼虫常在清晨、傍晚和阴天取食，晴朗中午取食较少。主要受害的是稀疏树冠和外围叶片。7~10月中旬为危害高峰期，受害严重时仅剩主脉，甚至啃食枝干皮层。

2. 防治方法

（1）加强管理

冬季修剪枝条，剪除虫枝，焚烧处理，消灭害虫虫卵。人工摘除袋蛾虫囊，其幼虫可以饲养家禽。另外可以引进天敌，比如瓢虫、蚂蚁、灰喜鹊或苏云金杆菌来控制害虫数量。

（2）药剂防治

袋蛾大发生时，在3龄幼虫以前喷洒90%敌百虫原液，或80%敌敌畏乳油

1 000 倍液，或溴氰菊酯乳油 5 000~10 000 倍液喷雾。

九、茶翅蝽象（又名臭板虫、臭大姐）

1. 危害特征

以成虫、若虫危害。刺吸树幼嫩顶梢、叶、果实果柄部位汁液。嫩梢被害后，顶梢干枯变黑，顶梢暂时停止生长，10~15 天后有危害部侧芽萌发 2~4 个新梢，呈丛生状；危害杜仲果实，主要从果柄处刺吸果实汁液为主，被刺吸危害的果实逐渐干缩变黑，甚至脱落。

2. 形态特征

成虫体黄褐色至茶褐色。触角褐色，5 节，第 4 节的两端和第 5 节的基部为黄褐色。前胸背板前缘有 4 个黄褐色排列斑。小盾片有 5 个小黄斑，两侧的斑点明显。

3. 发生规律

1 年发生 1 代，以成虫在墙缝、石缝、树洞和草堆等处越冬。翌年 5 月中旬开始活动，危害杜仲幼嫩顶梢，6 月中旬开始产卵，卵多产于叶背，常 20 余粒排列成一卵块。卵期 4~5 天，若虫孵化后，先静伏于卵壳周围或上面，以后分散危害。7 月中旬出现当年成虫，发生不整齐。6 月中旬越冬代成虫尚有产卵，9 月上旬仍能危害果实。9 月下旬以后当年成虫在房屋、石缝及其他场所潜伏越冬

4. 防治方法

成虫越冬期在几种发生地进行人工捕捉。夏季在炎热的中午前后，该虫多群集于杜仲枝干背阴处，也可采取人工捕杀。茶翅蝽象危害杜仲嫩梢或果实较轻时，一般不进行化学防治。当危害果实严重时，喷施 50% 辛硫磷 1 000 倍液。

第二节　杜仲的病害防治

杜仲的主要病害有根腐病、立枯病、叶枯病、角斑病、褐斑病、灰斑病、枝枯病等。杜仲幼苗和 5 年生以下的幼树多容易发生苗木根腐病和立枯病。根腐病严重时会导致苗木成片死亡且逐年蔓延，立枯病主要危害实生幼苗。角斑病、褐斑病、叶枯病、灰斑病主要危害叶，使叶片枯死早落；枝枯病危害杜仲树干，多发生在侧枝，引起侧枝叶片早落，枝条枯死。

一、根腐病

1. 症状

病菌首先侵入根部，逐渐传染至主根，导致根皮渐渐腐烂萎缩，地上部枝叶萎

缩，甚至枯死。拔出病苗一般根皮留在土壤中，病株根部至茎部木质部呈条状不规则紫色纹。病苗叶片干枯后不落。

2. 病原体

该病主要病原体是镰刀菌属的一种，属半知菌亚门真菌。另外，丝核菌、腐霉菌等也可侵染导致发生根腐。

3. 发病规律

该病原菌属于土壤栖居菌，具有较强的腐生性，能在土壤及病株残体上生长，条件适宜时，随时能侵染引起发病。多发生在幼苗期和 5 年生以下的幼树上，6~8 月为该病主要发生期；低温多湿、高温干燥、苗圃地土壤黏重、板结、透气性差、苗木生长弱；整地粗放、苗床太低、床面不平、圃地积水，以及苗圃土壤贫瘠、缺乏有机肥、连续育苗的老苗圃地，均易感染该病。

4. 防治方法

（1）苗圃选择。选择土壤肥沃、疏松、灌溉条件好的地块育苗，尽可能避免重茬；长期种植蔬菜、瓜果、豆类、棉花、马铃薯的地块不宜做苗圃地。

（2）土壤消毒。播种前，每亩用 70% 五氯硝基苯粉剂 1 千克、或用硫酸亚铁粉剂 20 千克撒于畦面，翻入土壤中对土壤消毒，7 天后播种。酸性土壤每平方米撒 0.3 吨石灰，也可达到消毒目的。

（3）种子消毒。精挑优质正常种子，用 1% 高锰酸钾溶液浸泡 30 分钟消毒之后再催芽。

（4）土壤管理。及时松土、排水，也能有效预防和抵抗根腐病。

（5）药剂防治。在幼苗初发病期，及时喷施 50% 托布津 400~800 倍液，或 50% 退菌特 500 倍液，或 25% 多菌灵 800 倍液，均有良好的效果。已经死亡的幼苗或幼树要立刻挖除焚烧，并在发病处充分杀菌消毒。

二、立枯病（猝倒病）

1. 症状

该病在个产区均有不同程度的发生，主要危害当年实生幼苗。幼苗或苗木刚出土感染该病，常导致种芽腐烂死亡。幼苗出土后至木质化前，病菌侵入，出现黑色缢缩，导致幼苗腐烂，倒伏死亡。幼苗出土，子叶感病，出现湿腐状病斑，子叶腐烂，幼苗死亡。

2. 病原体

该病病原体主要为立枯丝核菌，属半知菌亚门真菌。

3. 发病规律

该病菌属土壤栖居菌，条件适宜时，可随时侵染引发病变。多发生在4~6月，也可发生在夏末秋初，低温、高湿、土壤板结或播种后覆土过深以及重茬地，均易发生该病。

4. 防治方法

参照根腐病防治方法。

三、角斑病

1. 症状

该病主要危害叶片，使叶片枯死早落。病斑主要分布在叶中间，呈不规则暗褐色多角形病斑，叶背病斑颜色较淡。病斑上有长灰黑色霉状物；到秋后，有的病斑上长有病菌的有性孢子，呈散生颗粒状物；最后叶片变黑脱落。

2. 病原体

病原体为一种尾孢属真菌，属半知菌亚门，其有性世代为一种球腔菌属真菌。

3. 发病规律

病菌通过子囊孢子越冬，是翌年的初次侵染源。每年4~5月开始发生，7~8月发病严重。幼苗和幼树发病较重，成年树发病较轻；土壤条件差、树势衰弱时发病较重。本病在各杜仲苗圃和林场均有发生。

4. 防治方法

（1）加强管理。适时增施磷钾肥，增强植株的抗病能力。

（2）药剂防治。发病初期喷施1∶1∶100波尔多液，连喷2~3次，间隔7~10天。

四、褐斑病

1. 症状

该病主要危害叶片，使叶片枯死早落。发病初期出现黄褐色斑点，之后扩展成红褐色圆形或近圆形斑点，边缘明显。后期病斑中心变成灰褐色至灰黑色，并生有许多小黑点，为病菌的子实体。严重时病斑连接形成大斑，致使叶片干枯并脱落。

2. 病原体

该病病原体为一种盘多毛属真菌，属半知菌亚门。

3. 发病规律

病菌通过分生孢子盘在病叶组织内越冬，翌年春天，环境条件适宜时产生分生孢子，借风、雨传播危害。4月上旬至5月中旬开始发病，7~8月比较严重。土壤瘠薄、阴湿、密度大时容易染病；温度高、湿度大利于该病的蔓延。

4. 防治方法

(1)加强管理。秋后及时剪除枯枝落叶,集中焚烧,减少传染病原体;加强田间管理,增强树势提高植株的抵抗力。

(2)药剂防治。发芽前,用波美5°石硫合剂喷杀枯梢上越冬病原,或喷施1:1:100波尔多液保护。发病期用50%多菌灵可湿性粉剂500倍液,或75%百菌清可湿性粉剂600倍液,或64%杀毒矾可湿性粉剂500倍液,或50%托布津400~600倍液,或50%退菌特400~600倍液,或65%代森锌600倍液,交替喷施2~3次,间隔期7~10天。

五、灰斑病

1. 症状

该病主要危害叶片和嫩梢,严重时导致病叶早落,影响植株生长。始发于叶缘或叶脉,早期呈紫褐色或淡褐色近圆形斑点,之后渐渐扩大成灰色或灰白色凹凸不平的斑块,病斑上散生黑色霉点。嫩枝梢病斑黑褐色,呈椭圆形或梭形,后扩展成不规则形,后期有黑色霉点,严重时枝梢枯死。

2. 病原体

该病病原体为细交链孢真菌,属半知菌亚门。

3. 发病规律

病菌通过分生孢子和菌丝体在病叶和病枝梢上越冬。翌年条件适宜时产生分生孢子,借风、雨传播危害,5月中旬至6月上旬梅雨季节迅速蔓延。

4. 防治方法

(1)加强管理。增强树势和植株抗病能力,及时清除病侵染源。

(2)药剂防治。发芽前,用0.3%五氯酚钠或波美5°石硫合剂喷杀枯梢上越冬病原体。发病初期,喷洒50%托布津,或50%退菌特400~600倍液,也可喷洒25%多菌灵1 000倍液。

六、枝枯病

1. 症状

该病主要发生在侧枝上,引起叶片早落、枝条枯死。侧枝顶梢首先染病,之后侵染至枝条基部。感病枝皮层坏死,由灰褐色变红褐色,后期病变部位皮层下长有针头状颗粒状物,即病菌的分生孢子器。当病部环切枝梢时,枝条枯萎死亡。

2. 病原体

该病病原体为一种大茎点菌属真菌,属半知菌亚门。

3. 发病规律

该菌是一种弱寄生菌，常在枯枝上越冬。翌年条件适宜时借风、雨传播，通过枝条伤口或皮孔侵入。在土壤水肥条件差、抚育管理不当、生长衰弱的杜仲林迅速蔓延。严重时，幼树主枝也可染病枯死。病害一般始于4~6月，7~8月为发病高峰期。

4. 防治方法

（1）加强管理。及时剪除感病枝条，及时浇水施肥。

（2）药剂防治。对感病枝进行修剪，并连同健康部剪去一段；伤口用50%退菌特可湿性粉剂200倍液喷雾，或用波尔多液涂抹剪口。药剂涂抹修剪伤口，促进林木生长健壮，是防治本病的重要措施。发病初期可喷施65%代森锌可湿性粉剂400~500倍液。

七、叶枯病

1. 症状

此病主要危害叶片。多发生于成年植株，发病初期出现褐色圆形病斑，之后渐渐扩大，密布全叶，病斑边缘褐色，中间白色，有时使叶片破裂穿孔，严重时叶片枯死。

2. 病原体

该病病原体为一种壳针孢属真菌，属半知菌亚门。

3. 发病规律

该病病菌以分生孢子器和菌丝体寄生在病残体上越冬。通风透光条件差、栽培管理粗放、树势生长衰弱时容易发生该病。

4. 防治方法

（1）加强管理。冬季及时清扫枯枝落叶，集中焚烧处理，降低传染率，发病初期及时剪除病叶，挖坑深埋，避免病叶随风飘扬，到处传播。

（2）药剂防治。发病期用50%多菌灵500倍液，或75%百菌清600倍液，或64%杀毒矾500倍液等，交替喷施2~3次，间隔期7~10天。

第七章　宁夏杜仲栽培立地条件分析及其适宜性分析

第一节　立地条件分析

立地是造林地或现存林地的具体环境，它是指林木生长发育所依赖的各项自然条件的总和，构成立地的各个因子称为立地条件。在造林与森林经营中，把立地条件与林木生长效果相似的地段归并成类型，并按不同的类型设计以及采用不同的造林技术与森林经营措施，这样的类型称为立地条件类型。

一、立地分类的原则

立地分类应遵循科学性和实用性原则，具体原则有以下 5 条。

1. 地域分异原则

自然地带性和非地带性变化规律是立地分类的基础。我国地域辽阔，纬度（水平）地带性上的热力分异和非纬度（水平）地带性上的经度地带性干湿分异以及大地构造分区的大山系、大高原和大平原的地貌分异导致自然条件差异很大，尤其是非纬度地带因素，特别是对以山地作为主要用地的林业用地，常常会有明显不同的立地区。

2. 分区分类原则

我国幅员辽阔、面积广大，自然条件复杂，各地区差异很大，造林地立地类型在各地很不一样，不可能用一个分类系统概括全国各地区的立地类型。分区分类可使区域的划分（反映地域分异）与类型的划分（反映地方分异）在立地分类系统中得到统一，因而也是区划单位与分类单位并存的原则。

3. 主导因素原则

立地分类取决于自然综合特征的差异，立地分类时既要考虑整体特征及综合效应又要分析其因果关系，在综合分析的基础上，找出对林木生长、树种分布、林种布局起限制作用的主导因素，将主导因素作为划分各项立地单元的基本依据，特别是确定自然区域之间界线时，运用主导因素原则更方便。

4. 多级别原则

在不同立地等级单位系统中所显示的相似性与差异性程度是相对的，分类单位等级越高，相似性越高。因此，立地分类必须遵循从大到小或从小到大的一定地域分异尺度标准，逐级进行划分合并，形成由大到小逐级控制的多级别完整系统。

5. 有林地与无林地统一分类原则

立地是客观实体，是相对稳定的，因为构成立地的土壤、地形等自然因子是相对稳定的，立地类型不因森林的采伐或造林起根本性的变化。“有林”或“无林”仅是覆盖类型变化了，因此将有林地与无林地的分类统一在同一分类系统内，便于制定经营措施，科学指导生产。

二、立地分类的依据

《中国森林立地分类》提出了我国的森林立地分类系统，这个系统的分区和《中国林业区划》所划分的林区是衔接的，将立地区划和分类单位组成同一个分类系统。

立地分类的级序是立地区域、立地区、立地亚区、造林类型小区、立地类型组和立地类型，该系统的前 3 级（立地区域、立地区、立地亚区）是区划单位，后 3 级为分类单位，为本章讨论的重点。

1. 造林类型小区

造林类型小区相当于全国林业区划三级区，即各省（区）林业区划一级区，是立地类型分类系统的一级单位，主要依据中、小尺度的地域分异。根据《中国林业区划》，全国共划出了 168 个省级区，是根据大地貌特征、地带性气候（主要为纬向水热差异）和林业发展方向（即生态和社会要求）划分的。

2. 立地类型组

立地类型组是根据山、塬、丘、滩、川、沟、坡向等中、小地貌类型划分的，基本上反映了各地类型中、小尺度地域分异规律，实质上也是若干相似立地类型的组合。

3. 立地类型

立地类型是立地分类基本单位，即根据影响水热条件变化的微区域地形特征（地形部位、地面形态、坡度等）、土壤、植被、地下水位、土地利用性质等主导因子划分的。

在西北广大干旱半干旱地区，水分亏缺是限制这一地区林业发展的主要障碍。因此，西北地区在进行立地分类时，常以影响林木水分循环的主导环境因子为依据，例如，西北林学院 1981 年至 1984 年对渭北黄土高原刺槐人工林立地的调查表明，影响刺槐生长的主导因子是地形部位、土壤种类、海拔、坡形和坡度，并以此对渭北地区的刺槐立地类型进行了划分。

地形因子虽然不是林木生长所必须的生活因子，但它能够对光、热、水等生活因子进行再分配，能够反映不同造林地的小气候条件，对局部生态环境起着决定性作用，导致林木生长发生显著差异。

土壤因子是林木赖以生存的载体，不仅是光、热、水分、植物等因子的直接承受者，而且也是各个生态因子的综合反映者，因此，土壤也是划分立地类型时非常重要的因子。

在依据地形、土壤因子来划分立地类型的同时，并不否认植被因子的重要性，尤其是森林植被因子的作用。只要原始植被受破坏程度较轻，就可利用植被做为划分立地类型的补充依据。

三、立地类型划分的方法

国内外立地条件类型的划分方法有三种，一是按主导环境因子的分级与组合；二是按生活因子的分级组合；三是用立地指数代替立地类型。

按主导环境因子分级组合划分立地类型，简单明了，易于掌握，在实际工作中应用最为广泛。在中欧地区的一些国家，如德国、奥地利、瑞士等，也通常采用这种方法进行立地分类。但是，从另一个角度来看，这种做法又比较粗放、呆板、难于照顾到个别具体情况或难以全面地反映立地的某些差异，特别是采用的立地因子较少时，例如仅采用坡向和土层厚度进行立地分类，坡向分为阴坡和阳坡两级，土层厚度分厚土和薄土，而不考虑坡度和坡位及土壤有机质含量等的影响，这样就可能造成同一立地类型的立地，却有不同的林木生长效果，造成一定程度的混乱。为了避免这些情况出现，应在划分立地类型时多吸收一些立地因子参加，但同时又要注意不能采用的因子过多，否则会造成类型数量多，类型命名过于复杂，而丧失本方法简单、易行的优点。立地类型的命名，一般用主导因子组合的方式来进行，要求通俗易懂，野外便于识别立地类型，如南山阴坡上部、北山阳向斜缓坡等。

按生活因子的分级组合划分立地类型，主要按林木需要的水分和养分（肥力）在不同地段的等级划分，但生活因子不易直接测定，例如土壤水分的有效性，并不是一次或几次土壤含水量的测定值所能代表的，许多地形因子和土壤因子都在这时有所参与，因此，按生活因子划分立地类型，首先要对重要的立地因子进行综合分析，然后参照植物及林木的生长状况，确定级别，组成类型。例如，有学者利用地表下 30~40 厘米深处土壤含水量数量化分析结果，并参照林木生活状况，对青海互助县寺儿沟流域的造林立地分类，就是这个方面的一个实例。利用生活因子进行立地分类，能从本质上说明立地的差异，因而反映的立地比较准确。但这种方法也有着划分立地的标准难以掌握、测定困难、山区小气候的差异在这些类型中的难以表达等缺点，因而实际工作中很少被人们所采用。

立地指数代替立地类型在北美应用较普遍，它是将树高生长与许多立地因子联系起来，通过多元回归分析编制立地指数表与划分立地类型，能综合反映立地质量的高低与森林生长的效果。

四、造林地种类

造林地种类归纳起来有四大类：(1)荒山荒坡；(2)农耕地、四旁地及撂荒地；(3)采伐迹地和火烧迹地；(4)已局部更新的迹地、次生林地及林冠下造林地。

1. 荒山荒坡

这是我国面积最大的一类造林地。这种造林地上没有生长过森林植被，或过去生长过森林植被，但在多年前已遭破坏，植被已退化演替为荒山植被，土壤也失去了森林土壤的湿润、疏松、多根穴等特性。荒山造林地又可因其上的植被不同而划分为草坡、灌丛(灌木坡)等。荒山草坡因植物种类及其总盖度不同而有很大差异。消灭杂草，尤其是消灭根茎性杂草及根蘖性杂草，是在荒草坡上造林的重要问题。当造林地上灌木的覆盖度占总盖度的50%以上时即为灌木坡，灌木坡的立地条件一般比草坡好，但也因灌木种类及其总盖度而异。灌木对幼树的竞争作用也很强，高大茂密灌丛的遮光及根系竞争作用更为突出，需要进行较大规格的整地，但另一方面也可利用林地上原有灌木保持水土，改良土壤及给幼树侧方遮荫。有些时候可在灌木坡上适当加大行距，减少造林初植密度。

平坦荒地多是不便于农业利用的土地，如沙地、盐碱地、沼泽地、河滩地、海滨等，它们都可作为单独的造林地种类。这些造林地种类都是造林比较困难的造林地，各有其特点，如沙地有沙丘地形及沙粒流动等问题；盐碱地有盐碱含量及盐碱成分的问题；沼泽地有沼泽化程度及泥炭灰分含量多少的问题，河滩地及海滨有淹水的问题及沉积污泥的组成问题。

2. 农耕地、四旁地及撂荒地

以农耕地作为造林地的情况主要出现在营造农田防护林。农耕地一般平坦、裸露、土厚，条件较好，便于机械化作业，但农耕地耕作层下往往存在较为坚实的犁底层，对林木根系的生长不利，如不采取适当措施，易使林木形成浅根系，容易遭受病害及风倒，深耕及大穴深栽可避免此项弊病。

四旁地指四旁植树所用的土地。在农村地区四旁地基本上就是农耕地或与农耕地相类似的土地，条件都较好，其中水旁地有充足的土壤水分供应，条件更好。在城镇地区四旁地的情况比较复杂，有的可能是好地，有的可能是建筑渣土，有的地方有地下管道及电缆，有的地方则有屋墙挡风、遮荫或烘烤等影响。

撂荒地是指停止农业利用一定时期的土地，它的性质随撂荒的原因及时间长短而定，一般撂荒地的土壤较为瘠薄，植被稀少，有水土流失现象，草根盘结度不大。撂荒多年的造林地，其上的植被覆盖度逐渐增大，与荒山荒地的性质接近，深山远山地区因不便经营而退耕还林的撂荒地，其土壤条件可能尚未恶化，经过耕作已消灭了原生植被，对整地和造林都是有利的。

3. 采伐迹地和火烧迹地

采伐森林后所腾出来的林地称为采伐迹地，刚采伐后的新采伐迹地是一种良好的造林地，光照充足，土壤疏松湿润，原有林下植被衰退，而喜光性杂草尚未侵入，应当争取时间及时进行人工更新。但新采伐地上伐根尚未腐朽，林地树种幼树及枝丫堆占地较多，影响种植点配置及造林密度的落实。新采伐迹地如不及时更新而变成老采伐迹地，其上的环境状况也随立地发生剧烈变化，喜光杂草大量侵入，迅速扩张占地，土壤的根系盘结度变大，不利于造林更新，必须较细致地整地。

火烧迹地是森林被火烧后腾出的林地，它与采伐迹地类似，但除此之外还有其本身的特点。火烧迹地上往往站杆、倒木较多，需要进行清理。火烧迹地上的土壤的灰分养料增多，土壤微生物的活动也因土温增高而有所促进，林地上杂草少，故也应充分利用这个条件及时进行人工更新。

4. 已局部更新的迹地、次生林地及林冠下造林地

这类造林地的共同特点是造林地上已长有树木，但其数量不足或质量不佳，或树已衰老，需要补充或更替造林。在已局部天然更新的迹地上，需要进行局部造林，原则上是见缝插针，栽针保阔，必要时也应砍去林分原有的低价值树木，使新引入的珍贵树木得到均匀的配置。

已经形成的次生林，如分布不均，质量不佳，无继续经营前途时，就需要用人工种植方法进行改造。这类造林地一般土壤条件较好，但原有的林木和造林引入的幼树之间矛盾较大，需要采取措施合理调节。

林冠下造林地是指老林未采伐之前在大林冠下人工更新的造林地。这类造林地也有良好的土壤条件，杂草不多，但上层林冠对幼树影响较大，适用于幼年耐荫的树种造林，可粗放整地，在幼树长到需光阶段之前要及时伐去上层林冠。采用择伐作业的林地，如需进行补充人工更新，其情况和林下造林地相似。疏林地作为造林地时，其性质介于林冠下造林地与荒山荒地之间，实际上更新接近于荒山荒地。

第二节 宁夏造林地立地条件分析

宁夏位于我国中部偏北，地处黄河中上游地区，地理位置范围处于北纬35°14′~39°23′、东经104°17′~107°39′，深居内陆。宁夏北部及西部与内蒙古毗邻，东部与陕西相连，南部与甘肃相接。宁夏属于我国温带草原区，西北部的贺兰山是我国温带荒漠区的界线。

一、宁夏地貌、气候和土壤特征

1. 地貌条件

从地貌上讲，宁夏地处鄂尔多斯台地、阿拉善高原和祁连山地槽之间。宁夏北部主要是贺兰山和银川平原，宁夏中部主要地貌有牛首山、罗山以及以东的鄂尔多斯台地，宁夏南部主要是六盘山。宁夏的地貌由山地、丘陵、台地和平原构成，其中，山地约占24%，丘陵和台地约占38%，平原约占27%，沙丘约占7%。南部从六盘山开始，向北依次有黄土高原、鄂尔多斯台地、宁夏平原及贺兰山地地势呈阶梯状下降，但北部的贺兰山则骤然抬升。

（1）山地

宁夏的南部有六盘山、月亮山、南华山、西华山、云雾山、风台山、窑山和麻黄山，中部有罗山、青龙山、牛首山、烟筒山、香山、米钵山和卫宁北山，北部有贺兰山。其中，贺兰山主峰在3 000米以上，相对高差最高达2 000米；六盘山、月亮山、南华山、西华山和罗山主峰在2 500~2 900米，相对高差500~1 200米。六盘山、贺兰山和罗山有宁夏“三大林区”之称。

（2）丘陵

宁夏南部的黄土丘陵是丘陵地貌的主体部分，黄土层厚度在六盘山以东达100~200米，以西达300米，北部70~100米。宁夏东侧为“陕北黄土高原与丘陵”支系，属于黄河一级支流清水河及泾河水系；西侧为“陇中山地与黄土丘陵”支系，属于葫芦河水系。除此之外，在牛首山与烟筒山之间，也有较大面积的丘陵分布。

（3）台地

台地分布在灵武市东部和盐池县北部地区，系鄂尔多斯高原的西南一隅。西接银川平原，南连黄土丘陵，北连毛乌素沙地，台地高1 200~1 500米，缓坡丘陵连绵起伏，较银川平原高100~200米。整个台地上发育较多的沙丘带，尤其是灵武界内。

（4）平原

宁夏平原南起中卫，北到石嘴山，南北长270千米，东西宽10~50千米。是介于贺兰山和鄂尔多斯台地之间的陷落地堑。平原海拔1 100~1 400米，地势自西南向东北倾斜，两侧向黄河倾斜。宁夏平原分银川平原和卫宁平原两部分。

（5）沙丘

黄河以东的陶乐、灵武、盐池、同心等地是宁夏沙丘较为集中的地区，简称宁夏河东沙地，多属于毛乌素沙地的西南边缘部分，仅在灵武有高大的新月形沙丘链，其他地段沙丘大多零星分布。除河东沙地外，中卫市西北部的腾格里沙漠的南缘有较大面积的沙丘分布，属流动性沙漠。

2. 气候条件

宁夏地处西北内陆，7~9 月受季风影响，形成宁夏的雨季，年降水量 130~650 毫米。气温由南向北递增，降水量自南向北减少。宁夏气候被区划为三个气候区：固原地区的南部为南温带半湿润区，固原地区的北部至盐池、同心一带为中温带半干旱区，宁夏平原为中温带干旱区。根据农业气候的特点，宁夏气候又被划分为六盘山高寒阴湿区、宁南中温半干旱区、宁南中温风沙干旱区、引黄灌区和贺兰山区。

（1）六盘山高寒阴湿区

包括泾源全部、隆德大部以及西吉、海原和原州区的部分地区。该区年平均气温 5~6 ℃，年降水量 500 毫米以上，干燥度 1~1.4，≥ 10 ℃积温 1 900 ℃，生长季 180 天左右，全年日照 2 200 小时。天然植被有森林、山地草甸、草甸草原及灌丛。

（2）宁南中温半干旱区

包括海原、西吉和原州区的大部以及隆德、同心和盐池的部分地区。该区年平均气温 5.3~7.0 ℃，年降水量 300~500 毫米，干燥度 1~2，≥ 10 ℃积温 2 000~2 400 ℃，生长季 180~200 天，全年日照 2 400~3 000 小时。天然植被以干草原为主。

（3）宁南中温风沙干旱区

包括盐池、同心的大部以及海原的北部与灵武、中卫、中宁和利通区的部分地区。该区年平均气温 8~9 ℃，年降水量 220~300 毫米，干燥度 2.1~3.4，≥ 10 ℃积温 2 600~3 200 ℃，生长季 180~200 天，全年日照 2 400~3 000 小时。天然植被以荒漠草原和沙生植被为主。

（4）引黄灌区

包括卫宁灌区、青铜峡及贺兰山沿山洪积地带。该区年平均气温 8~9 ℃，年降水量 200 毫米左右，干燥度 3.4~4，≥ 10 ℃积温 3 000~3 400 ℃，生长季 180~200 天，全年日照 2900~3100 小时。天然植被以荒漠草原和灌丛为主。

（5）贺兰山区

包括贺兰山主体。该区年平均气温 1℃以下，年降水量 400 毫米以上，≥ 10 ℃积温仅 450 ℃左右。天然植被有森林、高寒草甸、灌丛及草原。

3. 土壤条件

宁夏土壤的形成和分布受地貌、地形、气候和生物的影响和制约。自南向北，土壤类型由黑垆土向灰钙土转移，形成了宁夏水平地带性土壤的两个大带，其分界大体上与宁南黄土丘陵的北缘一致。在六盘山、贺兰山和罗山，土壤类型自山下部的灰钙土向中上部的山地灰褐土（局部有棕壤）及高山草甸土过渡。此外，非地带性土壤广泛发育，有草甸土、潮土、盐土、白疆土等。

（1）地带性土壤

地带性土壤有黑垆土和灰钙土，大体与宁夏干草原植被的分界相一致。黑垆土又包括普通黑垆土、浅黑垆土和湘黄土。灰钙土又包括普通灰钙土、草甸灰钙土、草甸淡灰钙土和侵蚀灰钙土。

（2）山地土壤

宁夏的山地土壤以六盘山、罗山和贺兰山为代表。主要土壤类型有山地草甸土、山地棕壤土、山地灰褐土和山地灰钙土。

（3）非地带性土壤

主要分布在引黄灌区，主要有草甸土、潮土、盐土、白疆土等。

二、宁夏造林地立地类型划分

根据立地类型适地适树，是取得良好造林效果的基础。在此，根据申元村（1991）的研究结果，我们整理出宁夏造林地的立地类型组和立地类型的划分（表 7-1 和表 7-2）。

表 7-1　宁夏造林地立地类型组划分

代号	立地类型组名称
Ⅰ	平地棕漠土温性超旱生灌丛立地类型组
Ⅱ	平地灰棕模土温性超旱生灌丛立地类型组
Ⅲ	平地灰漠土温性旱生灌丛立地类型组
Ⅳ	平地棕钙土温性旱生灌丛立地类型组
Ⅴ	平地灰钙土温性半旱生灌丛立地类型组
Ⅵ	中山淋溶灰褐土寒温性针叶林立地类型组
Ⅶ	中山灰褐土寒温性杨桦林立地类型组
Ⅷ	平地绿洲土温性乔木林立地类型组
Ⅸ	滩地盐化草甸土耐盐灌丛立地类型组

引自申元村，1991。有删减。

表 7-2　宁夏造林地立地类型划分

代号	立地类型名称	代号	立地类型名称
1	平地沙砾质棕漠土立地类型	11	中山中土层淋溶灰褐土立地类型
2	平地沙砾质灰棕漠土立地类型	12	中山厚土层灰褐土立地类型
3	平地沙壤质灰漠土立地类型	13	中山中土层灰褐土立地类型
4	平地壤质灰漠土立地类型	14	平地壤质绿洲土立地类型
5	平地壤质棕钙土立地类型	15	平地沙壤质绿洲土立地类型
6	平地沙壤质棕钙土立地类型	16	平地黏底沙壤质绿洲土立地类型
7	平地壤质灰钙土立地类型	17	滩地轻盐化草甸土立地类型
8	平地沙壤质灰钙土立地类型	18	滩地中盐化草甸土立地类型
9	平地黏底沙壤质灰钙土立地类型	19	滩地重盐化草甸土立地类型
10	中山厚土层淋溶灰褐土立地类型		

引自申元村，1991。有删减。

第三节　宁夏杜仲栽培的适宜性分析

一、杜仲适宜立地类型分析

杜仲在其主要栽培区和边缘区正常生长是没有问题的，我们关心的是杜仲的引种区。杜仲适应性强，适宜气候地段宽广，就是在 -40 ℃的低温仍能越冬，并能结籽，繁衍后代。据此，杜仲在全国大部分地方均可引种栽植。据调查，河北、天津、山东、上海、吉林、广东等省（市）的部分县，曾先后从杜仲原产地和主要栽培区引种获得成功。

张维涛等（1994）将杜仲栽培区划分为 4 个区、17 个亚区、30 个地区，引种区未予划分。就边缘栽培区而言，其北部亚区（I_a）包括 3 个地区，其中，西段地区（I_{a1}）包括甘肃的小陇山以南的成县、徽县、华亭，陕西的留坝、商县；中段地区（I_{a2}）包括山西的闻喜、夏县、长治，河南的三门峡、太康等；东段地区（I_{a3}）包括北京市区，河北的承德，辽宁辽阳等。宁夏回族自治区仅属于杜仲引种区。

据已有研究，适于杜仲生长发育。各气候要素的范围大致为年均温 13.0~17.0 ℃，最适 15.0 ℃。极端高温低于 48.0 ℃，极端低温高于 -33.0 ℃，大于等于 10 ℃活动积温在 5 000 ℃左右。太阳辐射在 4 000 千焦 / 平方厘米年左右，年均降雨 1 000 毫米左右。无霜期大于 250 天。在贵州，杜仲的优生生态环境为：阳坡；

中性或偏碱性的土壤，其土壤类型为初育土中的石灰土、粗骨土等，铁铝土中的红壤、黄壤等，半淋溶土中的褐土、黑土等；月均降水量为65~70毫米。在贵州，降水量高的地区（月均降水量为100毫米）未必是杜仲的最适宜生长区。

从全国杜仲主产区气候来看，杜仲适宜温和、温暖湿润气候，年均温15℃，1月均温5℃，7月均温25℃，绝对高温40℃，绝对低温-5℃，年降雨量1 000毫米左右。杜仲对气候适应幅度很广，分布区年均气温11.7~17.1℃，1月均温0.2~5.5℃，7月均温19.9~28.9℃，绝对高温33.5~43.6℃，绝对低温-4.1~-19.4℃，降雨量478.3~1 401.5毫米。杜仲在粗骨性黄壤、灰化黄壤和砾质粉沙土以及石灰性壤质土上生长良好，土壤肥沃、湿润、排水良好、pH范围在5~7.5的深土最适宜杜仲的生长，过酸、过碱都不利杜仲的生长。

二、宁夏栽培杜仲的适宜性分析

宁夏的气候为典型大陆性气候，冬寒长、夏热短、春暖快、秋凉早；干旱少雨、蒸发强烈；日照充足、昼夜温差大。年降水量由南向北递减，南部山区300~600毫米，中部干旱带200~300毫米，银川平原和卫宁平原200毫米左右；年蒸发量在1 214~2 800毫米之间；年日照时数3 000小时左右，年均气温7~9℃，≥10℃积温2 000~3 200℃左右，北部地区平均无霜期150~195天，南部地区127~155天；气候呈现出明显的南凉北暖、南湿北干分布特点。

在宁夏，从盐池的高沙窝、王乐井到灵武、红寺堡、青铜峡、中宁、中卫一线以西，均为荒漠区，这里也是宁夏主要的黄灌区。在这里，危害林木和作物生长的一个重要灾害因子是干热风。

一般讲，当日最高气温≥30℃、空气相对湿度≤30%、风速≥3米/秒为干热风日。更确切地讲，当日最高气温≥32℃、14时的空气相对湿度≤30%、14时的风速≥2米/秒为轻干热风日，当日最高气温≥34℃、14时的空气相对湿度≤25%、14时的风速≥3米/秒为重干热风日，干热风日数为轻干热风日数与重干热风日数的总和。连续出现≥2天轻干热风日为一次轻干热风过程，连续出现≥2天重干热风日为一次重干热风过程。

宁夏灌区，就干热风日而言，据统计，1981~2014年，宁夏灌区共出现干热风1 928天，平均每站每年出现3.5天。其中，轻干热风1 603天，平均每年每站出现2.9天；重干热风325天，平均每年每站出现0.6天。宁夏灌区春小干热风年均日数空间分布差异很大，年均日数最多的是大武口，年均7.3天；最少的是灵武，年均1.7天；灌区北部、东部、南部一带的惠农、陶乐、中宁、盐池、同心、韦州的干热风危害较重，年均在4.2~5.2天；灌区中部和西部的贺兰、平罗、吴忠、银川、青铜峡、永宁、灵武、中卫、兴仁的干热风危害较轻，年均干热风日 1.8~2.9 天。总体来说，灌区中部、西部干热风日数较少，北部、东部、南部干热风日数较多。从出现干热风日的年概率分布来看，大武口每年都会出现干热风日；年概率最低的是中卫，年概率为 50%，两年一遇；惠农、陶乐、中宁、盐池、同心、韦州的年概率为 88%~97%；贺兰、平罗的年概率均为 82%；灵武、青铜峡、吴忠、兴仁、银川、永宁站的年概率为 65%~74%。

宁夏灌区，就干热风天气过程而言，据统计，1981~2014 年，宁夏灌区 16 站共发生热风天气过程 502 次，平均每年每站发生 0.9 次。其中，轻干热风天气过程 390 次，占 78%，平均每年每站发生 0.7 次；重干热风天气过程 112 次，占 22%，平均每年每站发生 0.2 次。从空间上看，危害最重的是大武口，年均 2 次；危害较重的是惠农、陶乐、中宁、盐池、同心、韦州 6 地，年均 1.0~1.5 次；危害最轻的是灵武，年均 0.4 次；其余 8 地危害较轻。总体上，宁夏灌区干热风天气过程发生年均次数的空间分布与干热风年均日数的空间分布是一致的。从干热风天气过程出现年概率分布分析，大武口和盐池出现概率最大，十年九遇；惠农、陶乐、中宁、同心、韦州出现年比率是 62%~76%，三年两遇；永宁和灵武出现的年份最少，五年一遇；贺兰、平罗、吴忠、兴仁约五年两遇；银川、中卫、青铜峡约三年一遇。

正是由于强烈的干热风，不但影响宁夏灌区的小麦和红枣，也限制了杜仲的引种栽培。

张源润等（2001）分别在宁夏最南端六盘山的龙潭林场和和卧羊川林场以及宁夏银川市西南郊的征沙渠进行了杜仲育苗试验，其中，龙潭林场的年降水量和年蒸发量为 676.3 毫米和 643.4 毫米，卧羊川林场的年降水量和年蒸发量为 568.3 毫米和 683.4 毫米，银川征沙渠的年降水量和年蒸发量为 179.5 毫米和 1 906 毫米。结果表明，六盘山的龙潭林场和和卧羊川林场杜仲苗的成活率在 60% 以上，保存率在 50% 以上；而宁夏银川市西南郊的征沙渠杜仲苗的成活率仅为 10%，保存率为 0（表 7-3）。

表 7-3　宁夏引种杜仲的出苗及生长情况

地点	出苗率（%）	生长量（厘米）		叶片			根长（厘米）	保存率（%）
		苗高	地径	长（厘米）	宽（厘米）	面积（平方厘米）		
龙潭林场	66.8	15.03	0.22	7.3	3.3	24.3	10.5	76.74
卧羊川林场	68.2	28.3	0.24	8.3	4.2	34.9	12.4	50.82
银川征沙渠	10.2	60.5	0.55	12.2	5.1	62.2	15.4	/

引自张源润等（2001）。

试验证明，宁夏灌区不适宜杜仲引种栽培，在宁夏南部山区引种栽培杜仲还有一定的可能性。根据宁夏各县市气候（降水量、蒸发量和≥ 10℃积温以及干热风）、土壤（有机质、养分和盐分）和植被（1978~1985 年造林成林森林覆盖率）所计算的宁夏杜仲引种栽培适宜性指数见表 7-4。

表 7-4　宁夏回族自治区杜仲引种栽培适宜性指数

地区	气候	土壤	植被	合计
银川市	0.065	0.150	0.110	0.325
永宁县	0.063	0.130	0.050	0.243
贺兰县	0.065	0.130	0.083	0.278
灵武市	0.068	0.130	0.057	0.255
石嘴山市	0.066	0.130	0.030	0.226
惠农区	0.070	0.130	0.032	0.232
平罗县	0.071	0.130	0.034	0.235
吴忠市	0.062	0.140	0.035	0.237
青铜峡市	0.062	0.140	0.039	0.241
盐池县	0.089	0.180	0.057	0.326
同心县	0.064	0.120	0.023	0.207
固原市	0.125	0.250	0.056	0.431
西吉县	0.105	0.240	0.144	0.489
隆德县	0.133	0.270	0.097	0.500
泾源县	0.166	0.300	0.381	0.847
彭阳县	0.130	0.280	0.074	0.484
中卫市	0.044	0.120	0.024	0.188
中宁县	0.043	0.120	0.021	0.184
海原县	0.095	0.180	0.042	0.317

从计算结果可知，适宜性指数小于 0.3 的地区不适宜引种栽培杜仲。根据计算结果，在宁夏，相对适宜栽培杜仲的地区是泾源县（0.847），次之，是隆德县（0.500）、西吉县（0.489）、彭阳县（0.484）和固原市（0.431），盐池（0.326）、银川市（0.325）和海原县（0.317）部分地区可引种栽培，其他县市不宜引种栽培杜仲。

三、宁夏杜仲引种栽培时选用秦仲系列品种的离地适宜性

杜仲秦仲系列品种主要选自陕西秦岭一带，而华仲系列品种则选自河南以东及南方一带。从地域间隔距离上来讲，秦仲系列品种的原产地更靠近宁夏，尤其是宁夏南部山区暨西海固地区。对植物引种而言，地域距离越近，引种越容易成功。更重要的是，秦仲系列栽培管理技术已成熟配套。因此，宁夏引种栽培杜仲时，从离地适宜性方面考虑，宜选用杜仲秦仲系列品种。

参考文献

[1] 曹瑞致，张馨宇，杨大伟，夏广东，董娟娥．剥皮对杜仲次生代谢物含量及伤害修复能力的影响．林业科学，2017，53(6)：151-158

[2] 曾令祥．杜仲主要病虫害及防治技术．贵州农业科学，2004，32(3)：75-77

[3] 陈文龙，彭华，宋琼章．杜仲害虫及防治方法川．植物医生，2005，18(4)：2l-22

[4] 崔克明，李正理．杜仲剥皮再生对生长的影响．植物学报，2000，42(11)：1115-1121

[5] 董娟娥，杜红岩，张康健，赵辉，李周岐，邵战波，彭少兵．观赏与药用杜仲无性系的选择．林业科学，2008，44(5)：165-170

[6] 杜红岩，杜兰英，李芳东．杜仲果实内杜仲胶形成积累规律的研究．林业科学研究，2004，17(2)：185-191

[7] 杜红岩，杜兰英，李福海，谢碧霞．不同产地杜仲树皮含胶特性的变异规律．林业科学，2004，40(5)：186-190

[8] 杜红岩，杜兰英，乌云塔娜，李福海．杜仲药用良种：“华仲 1 号”. 林业科学，2013，49(11)：162

[9] 杜红岩，杜兰英，乌云塔娜，刘攀峰，张悦．雄花用杜仲良种“华仲 5 号”. 林业科学，2014，50(4)：164

[10] 杜红岩，杜兰英，乌云塔娜，刘攀峰．杜仲果药兼用良种“华仲 3 号”. 林业科学，2014，50(1)：164

[11] 杜红岩，高筱慧，杜兰英．杜仲高产胶果园的营建技术．中国水土保持，2004，(8)：34-35

[12] 杜红岩，胡文臻，俞锐．杜仲产业绿皮书：中国杜仲橡胶资源与产业发展报告．北京：社会科学文献出版社，2015

[13] 杜红岩，李芳东，杜兰英，杨绍彬，傅建敏，李福海，段经华．果用杜仲良种“华仲 6 号”. 林业科学，2010，46(8)：182

[14] 杜红岩，李芳东，李福海，傅建敏，孙志强，杨绍彬，杜兰英．果用杜仲良种“华仲 7 号”. 林业科学，2010，46(9)：186

[15] 杜红岩，李芳东，杨绍彬，杜兰英，傅建敏，孙志强，李福海 . 果用杜仲良种“华仲 8 号”. 林业科学，2010，46（11）：189

[16] 杜红岩，李芳东，杨绍彬，傅建敏，段经华，杜兰英，李福海 . 果用杜仲良种“华仲 9 号”. 林业科学，2011，47（3）：194

[17] 杜红岩，刘攀峰，孙志强，杜兰英 . 我国杜仲产业发展布局探讨 . 经济林研究，2012，30（3）：130-144

[18] 杜红岩，谭运德 . 华仲 1~5 号五个杜仲优良无性系嫁接繁殖技术 . 林业科技开发，1997，（2）：18-19

[19] 杜红岩，乌云塔娜，杜兰英，朱景乐 . 杜仲果药兼用良种“华仲 2 号”. 林业科学，2013，49（12）：163

[20] 杜红岩，乌云塔娜，杜兰英 . 杜仲高产胶优良无性系的选育 . 中南林学院学报，2006，26（1）：6-11

[21] 杜红岩，张再元，刘本端，杜兰英，张昭祎，杜西山 . 杜仲优良无性系剥皮再生能力及剥皮综合技术研究 . 西北林学院学报，1996，11（2）：18-22

[22] 杜红岩，张再元，刘本端，杜兰英 . 华仲 1 号等 5 个杜仲优良无性系的选育 . 西北林学院学报，1994，9（4）：27-31

[23] 杜红岩，张昭祎，杜兰英，谢碧霞 . 杜仲皮内杜仲胶形成积累的规律 . 中南林学院学报，2004，24（4）：11-16

[24] 杜红岩，昭平韦，李福海 . 我国杜仲的研究现状与发展思路 . 经济林研究，1993：124-128

[25] 杜红岩，赵戈，卢绪奎 . 论我国杜仲产业化与培育技术的发展 . 林业科学研究，2000，13（5）：554-561

[26] 杜红岩，胡文臻，刘攀峰，杜兰英 . 我国杜仲产业升级关键瓶颈问题思考 . 经济林研究，2016，34（1）：176-179

[27] 杜红岩 . 杜仲活性成分与药理研究的新进展 . 经济林研究，2003，21（2）：58-61

[28] 杜红岩 . 杜仲优质高产栽培 . 北京：中国林业出版社，1996

[29] 杜红岩 . 我国杜仲变异类型的研究 . 经济林研究，1997，15（3）：34-36

[30] 杜红岩 . 我国杜仲工程技术研究与产业发展的思考 . 经济林研究，2014，32（1）：1-5

[31] 杜红岩 . 我国的杜仲胶资源及其开发潜力与产业发展思路 . 经济林研究，2010，28（3）：1-6

[32] 杜兰英，王璐，郭书荣，张悦．杜仲嫁接育苗技术规程．林业实用技术，2014，(4)：28-30

[33] 杜兰英，乌云塔娜，杜红岩，朱高浦．杜仲果药兼用良种“华仲 4 号”．林业科学，2014，50(3)：162

[34] 杜笑林，朱高浦，闫文德，刘攀峰，朱景乐．基于叶、皮、材兼用的高密度杜仲栽培模式研究．经济林研究，2016，34(3)：2-6

[35] 段吉平．杜仲胶应用及产业化浅析．广东橡胶，2013，(8)：17-26

[36] 樊宏武，李晓芳．杜仲无性繁殖育苗技术．林业科技，2009，(1)：29-30

[37] 方永琴，李强，赵娜．杜仲主干全剥皮再生技术．汉中科技，2016，(1)：45-47

[38] 冯晗，周宏灏，欧阳东生．杜仲的化学成分及药理作用研究进展．中国临床药理学与治疗学，2015，20(6)：713-720

[39] 高均凯，杜红岩，菅根柱，宋岩生．现代杜仲产业发展状况及相关政策研究．林业经济，2014，(11)：83-88

[40] 高新一，王玉英．林木嫁接技术图解．北京：金盾出版社，2012

[41] 高正中，戴法和．宁夏植被．银川：宁夏人民出版社，1988

[42] 郭书荣，杜兰英，王璐，刘攀峰．杜仲药用林栽培技术规程．林业实用技术，2014，(6)：19-20

[43] 何文广，苏印泉．叶林模式杜仲生物量的动态研究．福建林业科技，2011，38(3)：48-53

[44] 霍卫．2016 杜仲出口量价齐升．医药经济报，2017 年 4 月 6 日，第 7 版

[45] 康传志，王青青，周涛，江维克，肖承鸿，谢宇．贵州杜仲的生态适宜性区划分析．中药材，2015，37(5)：760-766

[46] 康向阳．杜仲良种选育研究现状及展望．北京林业大学学报，2017，39(3)：1-6

[47] 喇永昌，李丽平，张磊．宁夏灌区春小麦干热风灾害的时空特征．麦类作物学报，2016，36(4)：516-522

[48] 李爱华，樊明涛，师俊玲．杜仲内生菌的分离及产 PDG 菌株的筛选．西北植物学报，2007，27(3)：616-619

[49] 李芳东，杜红岩．杜仲．北京：中国中医药出版社，2001

[50] 李浚明，陈光友．杜仲的研究与开发．生物学通报，1996，31(6)：43-44

[51] 李容辉．杜仲栽培与加工．北京：金盾出版社，1993

[52] 李文娟 . 杜仲栽培管理技术 . 农村科技，2017，（1）：62-63

[53] 李欣，刘严，朱文学，白喜婷，王娜，刘少阳 . 杜仲的化学成分及药理作用研究进展，食品工业科技，2012，（10）：378-381

[54] 李洋 . 杜仲的有效成分及在动物生产中的应用 . 饲料博览，2017，（6）：10-16

[55] 李振华 . 杜仲的现代药理学研究及临床应用文献综述 . 临床研究，2018，47（3）：93-96

[56] 梁宗锁 . 杜仲丰产栽培实用技术 . 北京：中国林业出版社，2011

[57] 廖璐婧，张美德，张宇，艾伦强 . 杜仲穴盘育苗技术研究 . 中药材，2018，41（1）：13-17

[58] 林清洪，张恩赐，魏鸿图，郭文硕 . 杜仲灰斑病病原菌及生物学特性 . 福建林学院学报，1995，15（1）：91-94.

[59] 刘慧敏，杜红岩，乌云塔娜 . 杜仲生物技术育种研究进展 . 湖南林业科技，2016，43（2）：132-136

[60] 刘淑明，梁宗锁，董娟娥 . 土壤水分对杜仲剥皮再生的影响 . 林业科学，2006，（9）：44-48

[61] 刘永清，王柏泉，李鑫 . 杜仲炭疽病化学防治药剂筛选试验 . 湖北植保，1998，（2）：21-22

[62] 路志芳，吴秋芳，储曼茹 . 河南杜仲病虫害防治现状与对策 . 上海蔬菜，2014，（4）：60-62

[63] 农业部农民科技教育培训中心 . 杜仲栽培技术 . 北京：中国农业出版社，2001

[64] 彭少兵，董娟娥，赵辉，杨晓太，周涛，南玖波 . 秦仲（1-4 号）繁殖技术研究 . 林业科学，2007，43（5）：120-124

[65] 申元村 . 宜林地立地类型划分的探讨——以宁夏、甘肃干旱区为例 . 自然资源，1991，（3）：14-19

[66] 史永禄，郭宾州，张建军，潘宗源，陈天武，张英草，杨捧，吴秀梅 . 杜仲丛状矮林速生丰产栽培技术试验报告 . 见：张康健 . 中国杜仲研究 . 西安：陕西科技出版社，1992，110-115

[67] 苏月玲，李国，李瑞鹏，崔萍，唐慧锋 . 宁夏特色经济林产业取得的成就、存在问题及发展目标 . 落叶果树，2008，（6）：32-34

[68] 孙志强，杜红岩，李芳东 . 杜仲集约化栽培潜在的病虫灾害及其应对策

略 . 经济林研究，2011，29（4）：70-76

[69] 唐亮，金晓玲 . 杜仲组织培养的研究进展 . 贵州农业科学，2010，38（3）：15-18

[70] 王柏泉，彭远梅，徐明飞，覃业汉 . 杜仲炭疽病病原菌孢子生物学研究初报 . 江苏农业科学，2003，（4）：47-48

[71] 王柏泉，宋太伟，何义发，陈正菊，杨泉 . 杜仲病害调查初报 . 林业科技开发，1996，（2）：10-11

[72] 王承南，熊微微 . 杜仲生态栽培技术 . 经济林研究，2003，21（4）：82-84

[73] 王璐，乌云塔娜，杜兰英，刘攀峰，杜红岩 . 杜仲果药兼用良种‘华仲 10 号”. 林业科学，2016，52（11）：171

[74] 王效宇，陈毅烽，伍江波，杜红岩，金晓玲 . 湖南省杜仲资源现状调查 . 林业资源管理，2015，（6）：146-150

[75] 王跃华 . 杜仲种子的多倍体诱导研究 . 亚太传统医药，2006，（8）：73-76

[76] 吴敏，赵阳，马志刚，刘攀峰，杜红岩，孙志强 . 果园化栽培模式杜仲雄花、果实和叶片产量的调查分析 . 林业科学研究，2014，27（2）：270-276

[77] 吴文霞 . 杜仲嫩枝扦插育苗技术 . 现代农业科技，2012，（14）：152-153

[78] 吴永宏，田晓娟，江方明 . 杜仲紫根病发生规律及防治初探 . 湖南林业科技，2009，36（1）：47-48

[79] 吴珍 . 杜仲栽培管理技术 . 现代农业科技，2007，（16）：59-62

[80] 项丽玲，温亚娟，苗明三 . 杜仲叶的化学、药理及临床应用分析 . 中医学报，2017，32（1）：99-102

[81] 谢双喜 . 杜仲栽培与管理 . 贵阳：贵州科技出版社，1999

[82] 许喜明 , 徐咏梅 , 彭锋 , 苏印泉 . 多年生杜仲叶林栽培模式及其更新复壮 . 陕西林业科技 , 2006,（1）:22-24

[83] 徐咏梅 , 苏印泉 , 彭锋 , 中泽庆久 . 杜仲乔林与叶林树皮中次生代谢物含量的比较 . 西北农林科技大学学报 (自然科学版), 2006, 34（4）:55-57

[84] 杨斌 . 甘肃省杜仲研究开发现状与发展对策 . 经济林研究，2010，28（1）：135-138

[85] 杨国兴，杨敏 . 杜仲繁殖育苗技术 . 农民致富之友，2014，（8）：107 转 018

[86] 杨明琰，田稼，马瑜，孙超，黄继红 . 杜仲内生真菌的分离鉴定及抗菌活性研究 . 西北植物学报，2012，32（1）：193-198

[87] 詹孝慈 . 杜仲根腐病的发生与防治 . 现代农业科技，2007，(19)：101-102

[88] 张博勇，张康健，张檀，苏印泉，董娟娥，杨吉安 . 秦仲 1-4 号优良品种选育研究 . 西北林学院学报，2004，19(3)：18-20

[89] 张博勇，张康健 . 杜仲良种筛选指标体系的建立 . 西北农林科技大学学报，2003，31(3)：145-150

[90] 张海凤，郭宝林，张成合，杨俊霞，郭婧，陈新华 . 杜仲四倍体的诱导与鉴定 . 园艺学报，2008，35(7)：1047-1052

[91] 张焕玲，李俊红，李周岐 . 秋水仙素处理杜仲种子诱导多倍体的研究 . 西北林学院学报，2008，23(1)：78-81

[92] 张康健，马惠玲，张檀，潘宗源，史永禄，陈天武 . 杜仲"梅花丛"工程造林技术及其分析 . 见：张康健 . 中国杜仲研究 . 西安：陕西科技出版社，1992，79-82

[93] 张康健，苏印泉，张檀，张继方，石斯明，陈宝善 . 杜仲快速育苗技术的研究 . 林业科技通讯，1992，(3)：31-33

[94] 张康健 . 杜仲 . 北京：中国林业出版社，1990

[95] 张康健 . 杜仲研究进展及存在问题 . 西北林学院学报，1999，9(4)：58-63

[96] 张庆瑞，付国赞，彭兴隆 . 皮用杜仲树剥皮及树皮再生技术 . 农业科技通讯，2014，(6)：311-312

[97] 张绍伟 . 杜仲苗木主要病虫害及防治技术 . 河南林业科技，1999，19(3)：31

[98] 张维涛，刘湘民，沈绍华，张伟，朱玲 . 中国杜仲栽培区划初探 . 西北林学院学报，1994，9(4)：36-40

[99] 张小军 . 杜仲剥皮再生关键技术 . 农业科技与信息，2018，(11)：72-73

[100] 张玉兰，戴小笠，段小凤，孙少华，黄学琴，管景得 . 宁夏红枣干热风气象等级预报 . 农业灾害研究，2011，1(2)：74-76

[101] 张源润，王春燕，吴彩宁，夏红玲，王双贵，韩彩萍，梅曙光 . 杜仲育苗关键技术的探讨 . 干旱区资源与环境，2001，15(2)：94-96

[102] 张再元，杜红岩，杜兰英 . 杜仲嫩枝扦插及快速繁殖方法：插条来源与生根 . 经济林研究，1989，7(2)：81-83

[103] 张再元，王惠文，杜红岩 . 河南省杜仲种质资源研究 . 经济林研究，1991：9(1)：80-83

[104] 赵和文 . 杜仲栽培与应用 . 见：300 种园林植物栽培与应用 . 北京：化学

工业出版社，2015

[105] 赵滢，刘亚茹 . 杜仲的主要成分及其在畜牧生产中的应用进展 . 畜牧兽医杂志，2014，33（6）：92-95

[106] 中国树木志编委会 . 中国主要树种造林技术（下册）. 北京：农业出版社，1977，1175-1185

[107] 周玉华，耿长明，王向阳 . 杜仲育苗技术 . 北京农业，2015，（3）：59-60

[108] 周政贤 . 中国杜仲 . 贵阳：贵州科技出版社，1993

[109] 朱登云，蒋金火，裴德清，田慧琴，汪矛，朱湄，米景九，李浚明 . 由杜仲成熟干种子胚乳培养再生完整植株 . 科学通报，1997，42（5）：559-560

[110] 朱景乐，苗作云，张少伟，张明远，马顺兴 . 3 个观赏型杜仲品种叶片生理特征的比较 . 东北林业大学学报，2017，45（8）：10-13

后　记

1979年改革开放以来，尤其是近20年来，宁夏各种经济林发展极为迅猛，也很有成绩。宁夏着力推进枸杞、葡萄、红枣、苹果、设施果树花卉的快速发展，形成了以中宁为核心，清水河流域和贺兰山东麓为两翼的枸杞产业带，以贺兰山东麓地区为主的葡萄产业带，中部干旱风沙区的红枣产业带，银川、吴忠、中卫等城郊的设施果品、花卉及特色果品产业带，宁南山区黄土丘陵区的杏产业带。

宁夏在建设特色经济林时，大力营建乡土当家品种，同时也培育和引种了许多优良品种。宁夏枸杞是宁夏最具地方特色的经济林树种，培育出了宁杞1号至宁杞7号以及菜用枸杞等优新品种。灵武长枣、同心圆枣、中宁小枣是宁夏红枣产业着力发展种植的优良地方特色枣品种，种植面积扩展迅速。宁夏葡萄产业发展最为迅猛，包括酿酒葡萄和鲜食葡萄两大类，其中，酿酒葡萄以赤霞珠、蛇龙珠、品丽珠、黑比诺、霞多丽、雷司令、佳美、梅鹿辄、西拉、贵人香等品种为主；鲜食葡萄主要有红提、京秀、维多利亚、奥古斯特、乍娜、粉红亚多蜜（兴华1号）、里扎马特、森田尼无核（无核白鸡心）、玫瑰香、大青等。宁夏苹果产业主要发展鲜食苹果和高酸果汁苹果，其中鲜食苹果主要有金冠、红富士、乔纳金、红元帅、嘎啦；高酸苹果有澳洲青苹、国光等。宁南山区注重发展杏产业，包括仁用杏和鲜食杏两大类，主要有山杏、龙王帽、一窝蜂等为主的仁用杏，以红梅杏、金妈妈杏、曹杏等为主的鲜食杏，以串枝红、仰韶黄杏等为主的鲜食加工兼用杏品种。这为宁夏经济结构升级和可持续发展奠定了基础。

杜仲是重要的药用树种，也是重要的橡胶资源树种，目前在全国各地广泛引种栽培。但宁夏引种栽培杜仲要尊重科学、尊重自然规律，在引种试验成功的基础上，方可扩大引种栽培面积，在不适宜引种栽培杜仲的县市地区，不建议引种栽培杜仲。

后记